高等职业院校"十三五"课程改革优秀成果规划教材

数控车床加工技术

主编 赵延毓 杨继宏

北京理工大学出版社
BEIJING INSTITUTE OF TECHNOLOGY PRESS

图书在版编目（CIP）数据

数控车床加工技术 / 赵延毓，杨继宏主编. —北京：北京理工大学出版社，2017.8
（2017.9 重印）

ISBN 978 – 7 – 5682 – 4725 – 2

Ⅰ.①数…　Ⅱ.①赵…　②杨…　Ⅲ.①数控机床 – 车床 – 加工工艺 – 高等学校 – 教材
Ⅳ.①TG519.1

中国版本图书馆 CIP 数据核字（2017）第 206305 号

出版发行 / 北京理工大学出版社有限责任公司

社　　址 / 北京市海淀区中关村南大街 5 号

邮　　编 / 100081

电　　话 / （010）68914775（总编室）

　　　　　82562903（教材售后服务热线）

　　　　　68948351（其他图书服务热线）

网　　址 / http：//www.bitpress.com.cn

经　　销 / 全国各地新华书店

印　　刷 / 北京市国马印刷厂

开　　本 / 787 毫米 × 1092 毫米　1/16

印　　张 / 13　　　　　　　　　　　　　　　　　　　　　　责任编辑 / 孟雯雯

字　　数 / 307 千字　　　　　　　　　　　　　　　　　　　文案编辑 / 多海鹏

版　　次 / 2017 年 8 月第 1 版　2017 年 9 月第 2 次印刷　　责任校对 / 周瑞红

定　　价 / 33.00 元　　　　　　　　　　　　　　　　　　　责任印制 / 李志强

前 言

随着我国社会主义市场经济和现代加工技术的迅速发展，社会及企业对技能型人才的知识与技能结构提出了更高、更新的要求。本书是为了适应各类技术人员、技术工人学习和培训的需求，以及满足广大学员的学习需要，帮助他们提高相关的理论知识与技能操作水平而编写的，同时可作为数控车工学员在操作方面基础训练的教材。

本书是依据中华人民共和国劳动和社会保障部制定的《数控车床操作工国家职业标准》的中级工工作内容和技能要求编写的。在编写过程中，以任务为导向，在每一任务中融入大量的基础知识，学用结合，避免理论与实际应用相脱节，由浅入深、逐步渗透。以坚持按岗位培训要求为原则，以实用、够用为宗旨，突出技能；以技能为主线，理论为技能服务，使理论知识和技能结合起来并有机地融为一体。在编写过程中我们还力求教材内容精练、实用、通俗易懂、通用性强。

在编写过程中，我们始终坚持以下原则：

以学生就业为导向，以企业用人标准为依据，结合《国家职业技能鉴定标准》，紧密联系技能型人才培养目标，坚持够用、实用的基本原则，结合现代新知识、新技术，摒弃了繁、难、偏、旧的理论知识，着重强调理论与实际相结合，注重基本技能与核心技能的培养训练。

本书由吉林电子信息职业技术学院赵延毓、杨继宏担任主编；吉林电子信息职业技术学院周立波、谢鑫、关鑫，长春大学林伟担任副主编；吉林省工业技师学院逯蕴锋、侯广飞，长春工业大学张世宏，吉林电子信息职业技术学院郑生智等参与本教材的编写工作。此外，本书在编写过程中借鉴了国内外同行的最新资料与文献，并得到北航海尔软件工程有限公司（长春销售部）、上海宇龙软件工程有限公司、华中数控有限公司等单位的大力支持，在此一并表示感谢。

限于编者水平有限，书中难免有欠妥之处，敬请读者批评指正。

编 者

目 录

目 录 *Contents*

第 1 章　数控设备基础知识

数控技术是指用数字量及字符发出指令并实现自动控制的技术，它已经成为制造业实现自动化、柔性化、集成化生产的基础。随着社会生产和科学技术的飞速发展，传统的普通机械加工设备已难以适应市场对产品多样化的要求。为满足发展需求，采用数字控制技术对机床加工过程进行自动控制的数控机床应运而生。

本章主要介绍以下几方面内容：

(1) 数控机床的产生与发展。

(2) 数控车床基本结构及基本操作。

(3) 数控车床常用刀具。

(4) 数控机床日常维护与保养。

通过本章的学习，使学生熟悉数控机床产生及发展趋势，掌握数控车床的功能、结构、加工范围，了解数控车床常用刀具，重点掌握数控车床的对刀操作技巧。

1.1　数控机床简介

数控机床，又称 CNC（Computer Numerical Control）机床，是一种安装了程序控制系统的机床，该系统能逻辑地处理具有使用号码或其他符号编码指令规定的程序。数字控制技术是近代发展起来的一种自动控制技术，用数字化的信息对某一对象进行控制，其控制对象可以是位移、速度、温度、压力、流量和颜色等。

1.1.1　数控机床的产生与发展

1. 数控机床的产生

在机械制造工业中并不是所有的产品零件都具有很大的批量，但介于小批量生产的零件（批量在 10 ～ 100 件）约占机械加工总量的 80% 以上。尤其是在造船、航天、航空、机床、重型机械以及国防工业更是如此。为了满足多品种、小批量的自动化生产，迫切需要一种灵活、通用、能够适应产品不断变化的柔性自动化机床。数控机床就是在这样的背景下诞生与发展起来的，它为单件、小批量生产的精密复杂零件提供了自动化加工手段。

1948 年，美国帕森斯公司（Parsons. Co）受美国空军委托与麻省理工学院伺服机构研究所合作进行数控机床的研制工作。1952 年，第一台数控三坐标立式铣床试制成功，但第一台工业用数控铣床直到 1954 年 11 月才生产出来。我国数控机床的研制从 1958 年起步，由清华大学研制出了最早的样机。

2. 数控机床的发展

1）数控系统的发展

从 1952 年第一代数控机床问世后，数控系统已先后经历了两个阶段和六代的发展，其六代是指电子管、晶体管、集成电路、小型计算机、微处理器和基于工控 PC 机的通用 CNC 系统。其中前三代为第一阶段，称为硬件连接数控系统，简称 NC 系统；后三代为第二阶段，称为计算机软件数控，简称 CNC 系统。

2）数控机床的发展趋势

随着先进生产技术的发展，要求现代数控机床向高速度、高精度、开放式、智能化、复合化、高可靠性、多种插补功能、人机界面的友好等方向发展。

（1）高速度、高精度。

高速度指数控机床的高速切削和高速插补进给，目标是在保证加工精度的前提下，提高加工速度。这不仅要求数控系统的处理速度快，同时还要求数控机床具有大功率和大转矩的高速主轴、高速进给电动机、高性能的刀具、稳定的高频动态刚度。

高精度包括高进给分辨率、高定位精度和重复定位精度、高动态刚度、高性能闭环交流数字伺服系统等。

（2）开放式。

要求新一代数控机床的控制系统是一种开放式、模块化的体系结构：系统的构成要素应是模块化的，同时各模块之间的接口必须是标准化的；系统的软件、硬件构造应是"透明的""可移植的"；系统应具有"连续升级"的能力。

为满足现代机械加工的多样化需求，新一代数控机床机械结构更趋向于"开放式"：机床结构按模块化、系列化原则进行设计与制造，以便缩短供货周期，最大限度满足用户的工艺需求。数控机床很多部件的质量指标不断提高，品种规格逐渐增加，机电一体化内容更加丰富，因此专门为数控机床配套的各种功能部件已完全商品化。

（3）智能化。

所谓智能化数控系统，是指具有拟人智能特征。智能数控系统通过对影响加工精度和效率的物理量进行检测、建模、提取特征、自动感知加工系统的内部状态及外部环境，快速做出实现最佳目标的智能决策，对进给速度、切削深度、坐标移动、主轴转速等工艺参数进行实时控制，使机床的加工过程处于最佳状态。

（4）复合化。

复合化加工，即在一台机床上工件一次装夹便可以完成多工种、多工序的加工，通过减少装卸刀具、装卸工件及调整机床的辅助时间，实现一机多能，最大限度地提高机床的开机率和利用率。1958 年，美国的克耐·杜列克公司（Keaney & Treekercorp – K&T 公司）在一般数控机床的基础上开发了数控加工中心（MC），即自备刀库的自动换刀数控机床。随着数控技术的不断发展，打破了原有机械分类的工艺性能界限，出现了相互兼容、扩大工艺范围的趋势。复合加工技术不仅是加工中心、车削中心等在同类技术领域内的复合，而且正在向不同类技术领域进行复合发展。

多轴同时联动移动，是衡量数控系统的重要指标，现代数控系统的控制轴数可多达 16 轴，同时联动轴数已到 6 轴。高档次的数控系统还增加了自动上、卸料的轴控制功能，有的在 PLC 里增加了位置控制功能，以补充轴控制数的不足，这将会进一步扩大数控机床的工艺范围。

（5）高可靠性。

高可靠性的数控系统是提高数控机床可靠性的关键。选用高质量的印制电路和元器件，对元器件进行严格地筛选，建立稳定的制造工艺及产品性能测试等一整套质量保证体系。在新型的数控系统中采用大规模、超大规模集成电路实现三维高密度插装技术，进一步把典型的硬件结构集成化，做成专用芯片，提高了系统的可靠性。

现代数控机床都装备有各种类型的监控、检测装置，并具有故障自动诊断与保护功能，能够对工件和刀具进行监测，若发现工件超差及刀具磨损、破裂，能及时报警，给予补偿，或对刀具进行调换，具有故障预报和自恢复功能，以保证数控机床长期可靠地工作。数控系统一般能够对软件、硬件进行故障自诊断，能自动显示故障部位及类型，以便快速排除故障。此外系统中注意增强保护功能，如行程范围保护功能、断电保护功能等，以避免损坏机床或导致工件报废。

（6）多种插补功能。

数控机床除具有直线插补、圆弧插补功能外，有的还具有样条插补、渐开线插补、螺旋插补、极坐标插补、指数曲线插补、圆柱插补和假想坐标插补等功能。

（7）人机界面的友好。

现代数控机床具有丰富的显示功能，多数系统都具有实时图形显示、PLC 梯形图显示和多窗口的其他显示功能；丰富的编程功能，如会话式自动编程功能、图形输入自动编程功能，有的还具有 CAD/CAM 功能；方便的操作，有引导对话方式帮助你很快熟悉操作，设有自动工作手动参与功能；根据加工的要求，各系统都设置了多种方便于编程的固定循环；伺服系统数据和波形的显示，伺服系统参数的自动设定；系统具有多种管理功能，如刀具及其寿命的管理、故障记录、工作记录等；PLC 程序编制方法增加，目前有梯形图编程（Ladder Language Program）方法、步进顺序流程图编程（Step Sequence Program）方法，现在越来越广泛地用 C 语言编写 PLC 程序；帮助功能，系统不但能显示报警内容，而且能指出解决问题的方法。

3. 数控机床特点

1）对加工对象的改型适应性强

在数控机床上加工零件，主要取决于加工程序。它与普通机床不同，不必制造、更换许多工具、夹具，不需要经常调整机床。因此，数控机床适用于零件频繁更换的场合，也就是适合单件、小批量生产及新产品开发，可缩短生产准备周期，节省大量工艺装备的费用。

2）加工精度高，质量稳定、可靠

数控机床是精密机械和自动化技术的综合体。机床的数控装置可以对机床运动中产生的位移、热变形等导致的误差，通过测量系统进行补偿而获得很高且稳定的加工精度，数控机床的加工精度一般可达到 0.002 ~ 0.05 mm。由于数控机床能实现自动加工，所以减少了操作人员素质带来的人为误差，提高了同批零件的一致性。

3）生产效率高

就生产效率而言，相对于普通机床，数控机床的效率一般能提高 2~3 倍，甚至十几倍。主要体现在以下几个方面：

（1）一次装夹完成多工序加工，省去了普通机床加工的多次变换工种、工序间的转件以及划线等工序。

（2）简化了夹具及专用工装等，由于是一次装夹完成加工，所以普通机床多工序的夹具省去了，即使偶尔必须用到专用夹具，由于数控机床的超强功能，夹具的结构也可简化。

4）减轻劳动强度

数控机床的操作由体力型转为智力型。

5）改善劳动条件

数控机床可有效地减少零件的加工时间。数控机床经过调整以后，输入程序并启动，机床能自动连续地加工直至加工结束。操作者主要完成程序的输入、编辑，装卸零件，刀具准备，加工状态的观测，零件的检测等工作，大大降低了劳动强度，数控机床操作者的劳动趋于智力型工作。另外，数控机床一般是封闭式加工，既清洁又安全。

6）有利于生产管理

数控机床加工可预先精确估计加工时间；所使用的刀具、夹具可进行规范化、现代化管理；数控机床使用数字信号与标准代码为数控信息，易于实现加工信息的标准化，目前已与计算机辅助设计与制造（CAD/CAM）有机地结合起来，是现代集成制造技术的基础；可实现一机多工序加工，简化生产过程的管理，减少管理人员，并可实现无人化生产。

7）良好的经济效益

使用数控机床加工零件时，分摊到每个零件上的设备费用是较昂贵的。但在单件、小批量生产的情况下，可以节省许多其他方面的费用，因此能够获得较好的经济效益。

使用数控机床，在加工之前节省了划线工时，在零件安装到机床上之后可以减少调整、加工和检验时间，减少了直接生产费用。另一方面，由于数控机床加工零件不需要手工制作模型、凸轮、钻模板及其他夹具，故节省了工艺装备费用。此外，数控机床的加工精度稳定，减少了废品率，使生产成本进一步下降。

8）易于建立计算机网络通信，便于现代化、网络化管理

由于数控机床使用数字信息，因此它易于计算机建立通信网络，便于计算机辅助设计/制造/工艺（CAD/CAM/CAPP）系统的连接，从而形成计算机辅助设计与制造紧密结合的一体化系统，并可通过网络DNC，配合网络管理系统，实现数控机床的网络化管理。

9）价格较昂贵

数控机床是以数控系统发展的新技术对传统机械制造产业渗透形成的机电一体化产品，涉及机械、信息处理、自动控制、伺服驱动、自动检测、软件技术等许多领域，尤其是采用了许多高精尖的先进技术，使得数控机床的价格较高。

10）调试和维修需专门的技术人员来完成

由于数控机床结构复杂，所涉及的学科、专业技术面较广，因此要求安装调试和维修人员应经过专门的技术培训。

4. 数控机床的加工范围

1）数控加工的适应范围

（1）形状复杂，加工精度要求高，普通机床无法加工的零件，或可加工但经济性较差的零件。

（2）加工轮廓虽不复杂，但要求同批产品一致性较高的，或要求一次性装夹后完成多工序加工的零件。

（3）用普通机床加工时，需要复杂工装保证的或检测部位多、检测费用高的零件。

（4）在普通机床上加工时，需要做反复调整，或需要反复修改设计参数后才能定型的零件。

（5）用普通机床加工时，加工结果极易受到人为因素（如心理、生理及技能等）影响的大型或贵重的零件。

（6）用普通机床加工生产效率很低或劳动强度很大时。

2）不适用数控机床加工的范围

（1）加工轮廓简单，精度要求低或生产批量又特别大的零件。

（2）装夹困难或必须靠人工找正定位才能保证加工精度的单件零件。

（3）加工余量特别大或材质及余量都不均匀的坯件。

（4）加工中，刀具的质量（主要是耐用度）特别差时。

1.1.2　数控车床的基本结构及分类

1. 数控车床的组成

1）车床本体

车床本体是数控机床的机械部件，包括床身、主轴箱、工作台、进给机构等，如图1.1–1所示。数控车床主体结构有以下特点：

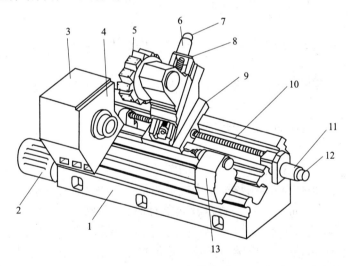

图 1.1–1　数控车床

1—床身；2—主轴电动机；3—主轴箱；4—主轴；5—回转刀架；6—X 轴进给电动机；7—X 轴编码器；
8—X 轴丝杠；9—托板；10—Z 轴丝杠；11—Z 轴电动机；12—Z 轴编码器；13—尾座

（1）由于采用了高性能的主轴及伺服传动系统，数控车床的机械传动结构大为简化，传动链较短。

（2）为适应连续的自动化加工，数控车床机械结构具有较高的动态刚度和阻尼精度，具有较高的耐磨性而且热变性小。

（3）为了减少摩擦、提高传统精度，数控车床更多地采用了高效传动部件，如滚珠丝杠副、直线导轨等。

2）控制部分（CNC 装置）

控制部分是数控机床的核心，一般为一台车床的专用计算机，包括印制电路板、各种电器元件、屏幕显示器（监视器）和键盘、装置等部分。磁带、纸带目前已较少使用。

CNC 装置的基本工作过程：

（1）输入。

输入的内容有零件程序、控制参数、补偿数据。输入形式有键盘输入、磁盘输入、计算机传送、光电阅读器纸带输入等。

（2）译码。

其目的是将程序段中的各种信息，按一定的语法规则解释成数控装置能识别的语言，并以一定的格式存放在指定的内存储器中。

（3）刀具补偿。

刀具补偿包括刀具长度补偿和刀具半径补偿。

（4）进给速度的处理。

编程所给定的刀具移动速度是加工轨迹切线方向的速度，速度处理是将其分解成各坐标方向的分速度。

（5）插补。

一般 CNC 装置能对直线、圆弧进行插补运算，一些专用或较高档的 CNC 装置还可以完成椭圆、抛物线、正弦曲线和一些专用曲线的插补运算。

（6）位置控制。

控制机床刀具或工作台精确移动，达到改变工件形状、加工出合格产品的目的。

3）伺服系统

伺服系统是数控系统的执行机构，由驱动装置、执行机构和反馈装置组成。

4）辅助装置

辅助装置是指数控机床的一些配套部件。

2. 数控车床的基本工作原理

数控车床工作时，首先根据被加工零件的图样，将工件的形状、尺寸及技术要求等，采用手工或计算机按运动顺序和所用数控车床规定的指令代码及程序格式编制成加工程序，并将这些程序存储在穿孔纸带、磁带、磁盘及其他计算机用通信方式等信息载体上（或用键盘直接输入），然后经输入装置，读出信息并送入数字控制装置。数控装置就依照数控代码指令进行一系列处理和运算，变成脉冲信号，并将其输入驱动装置，带动车床传动机构，车床工作部件有次序地按要求的程序自动进行工作，加工出图样要求的零件。

数控车床加工是把刀具与工件的运动坐标分成最小的单位量，即最小位移量，由数控系统根据工件程序的要求，向各轴发出指令脉冲，使各坐标轴移动若干个最小位移量，从而实现刀具与工件的相对运动，以完成零件的加工。一个脉冲所对应的车床位移量称为脉冲当量（单位：毫米/脉冲）。

3. 数控车床分类

数控车床的种类较多，常用的车床有以下分类方式。

1）按数控车床主轴分布形式分类

（1）立式数控车床。

立式数控车床的主轴垂直于水平面，并有一个直径较大且用于装夹工件的工作台。立式数控车床主要用于加工径向尺寸较大、轴向尺寸较小的大型复杂零件，如图 1.1 - 2 所示。

（2）卧式数控车床。

卧式数控车床的主轴平行于水平面，又可分为水平导轨卧式数控车床和倾斜导轨卧式数控车床。图 1.1 - 3 所示为倾斜导轨卧式数控车床。

图 1.1 - 2　立式数控车床

图 1.1 - 3　倾斜导轨卧式数控车床

2）按刀架数量分类

（1）单刀架卧式数控车床，如图 1.1 - 4 所示。

（2）双刀架卧式数控车床，如图 1.1 - 5 所示。

图 1.1 - 4　单刀架卧式数控车床

图 1.1 - 5　双刀架卧式数控车床

3）按数控系统功能分类

（1）经济型数控车床。

经济型数控车床通常是基于普通车床进行数控改造而成的，一般为前置刀架，主要用于加工精度要求不高、具有一定复杂形状的零件。

（2）全功能型数控车床。

这类车床的总体结构先进、控制功能齐全、加工自动化程度较高、辅助功能齐全、稳定可靠性较高，适于加工精度要求较高、形状复杂的零件。

（3）数控车铣中心。

如图 1.1 - 6 所示，车铣中心是以全功能数控车床为主体，并配置刀库、换刀装置、分度装置、铣削动力头和机

图 1.1 - 6　数控车铣中心

械手等，能够实现多工序复合加工的机床。在零件一次装夹后，可完成车、铣、钻、扩、铰、攻螺纹等多种工序加工。

随着技术的发展，数控车床的结构发生了较大的变化，适应小型盘类零件加工的倒立式数控车床逐渐得到应用，如图 1.1 - 7 所示。

图 1.1 - 7　倒立式数控车床

倒立式数控车床的结构特点：

（1）主轴与卡盘采用倒立设计，使工件装卡及加工自动完成。配合无料输送机构和工件翻转机构，可实现工件的一次上料，最终成型。

（2）大扭矩内藏式主轴电动机，提供宽频无级变速，变速范围为 30 ~ 400 r/min。

（3）采用内藏式油冷却系统，有效降低头部温升，确保长时间加工的精确度。

（4）配备工件翻转机构，实现工件翻转动作，方便完成工料双面加工。

（5）卡盘倒立式夹持工件，避免划伤工件，有效地改进了卧式加工排屑性不好的缺点，确保了精度。

（6）12 工位送料，确保加工效率。

（7）回转刀塔的刀盘提供 12 个 VDI 旋转刀具安装位，允许任意 X 向、Z 向刀具的安装，从而实现铣、钻、攻丝等加工功能。

（8）具有 C 轴功能，C 轴分辨率为 0.001 度。

（9）由于新型的 Y 轴带正负 50 mm 的行程，使得偏心钻和铣的操作成为可能。

倒立式车床主轴如图 1.1 - 8 所示。

图 1.1 - 8　倒立式车床主轴

1.1.3 数控车床常用刀具

数控车削加工包括内外圆柱面的车削加工、端面车削加工、钻孔加工、螺纹加工、复杂外形轮廓回转面的车削加工等。在零件加工前，应对加工的零件进行相应的工艺处理，选择合适的刀具进行加工。

1. 常用数控刀具类型

数控车削是数控加工中应用最广泛的加工方法之一，而数控车刀是指数控车床上应用的各类刀具的统称，按加工功能分类，主要有内（外）轮廓车刀、内（外）切槽刀、内（外）螺纹车刀和端面车刀，如图 1.1 - 9 所示。

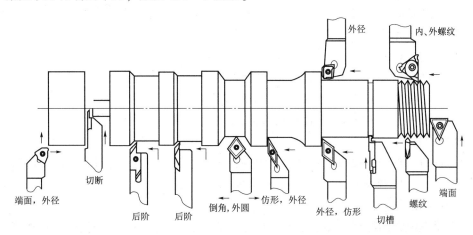

图 1.1 - 9　常用数控刀具

数控车刀按切削刃形状分类可分为尖形车刀、圆弧形车刀和成型车刀等三大类，如图 1.1 - 10 所示。

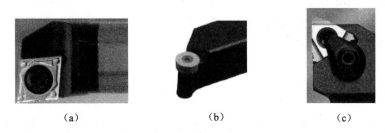

（a）　　　　　　　　（b）　　　　　　　　（c）

图 1.1 - 10　常用刀具类型
（a）尖形车刀；（b）圆弧形车刀；（c）成型车刀

1）尖形车刀

它是以直线形切削刃为特征的车刀，这类车刀的刀尖（同时也是其到位点）由直线形的主、副切削刃构成，如 90°内外轮廓车刀、端面车刀、切断（槽）刀等。

2）圆弧形车刀

它是以一圆度误差或线轮廓误差很小的圆弧形切削刃为特征的车刀。该车刀圆弧刃上的每一点都是圆弧形车刀的刀尖，因此刀位点不在圆弧上，而是在该圆弧的圆心上。

当某些尖形车刀或成型车刀的刀尖具有一定的圆弧形状时，也可作为圆弧形车刀使用。

3）成型车刀

成型车刀，俗称样板刀，其加工零件的轮廓形状完全由车刀刀刃的形状和尺寸决定，数控车削加工中，常见的成型车刀有小圆弧车刀、非矩形槽车刀和螺纹车刀等。在数控加工中应尽量少选用或不用成型车刀，确有必要选用时，应在工艺准备文件或加工程序单上详细说明。

2. 常用数控刀具选型技巧

数控刀具选型应从零件图样的分析开始，到选定刀具共需两条路径、10个步骤。

第一条路径为：分析零件图样、机床影响因素，选择刀杆、刀片夹紧系统，选择刀片形状，该路径主要考虑机床和刀具的情况。第二条路径为：分析工件影响因素，选择工件材料代码，确定刀片的断屑槽形状，选择加工条件脸谱，这条路径主要考虑工件的情况。综合这两条路径的结果，才能确定所选用的刀具。

1）数控刀具选型

数控刀具选型过程中注意考虑机床影响因素。为保证加工方案的可行性、经济性，获得最佳加工方案，在选择刀具前必须确定与机床有关的因素，如：机床类型、刀具附件（刀柄的形状、尺寸、切削方向）、主轴的功率和工件夹紧方式等。

2）选择刀杆

选择刀杆时，首先应选择尺寸尽可能大的刀杆，同时要考虑以下几个因素：夹持方式、切削层截面形状（即背吃刀量、进给量）、刀柄的悬伸长度。

3）刀片夹紧系统

刀片夹紧系统常用杠杆式夹紧系统，其特点是：定位精度高、切屑流畅、操作简便、可与其他系列刀具产品通用。螺钉夹紧系统适用于小孔径内孔以及长悬伸加工。

4）选择刀片形状

（1）刀尖角。

刀尖角的大小决定了刀片的强度，在工件结构形状和系统刚度允许的前提下，应选择尽可能大的刀尖角。通常这个角度为35°~90°，例如R形圆刀片在重切削时具有较好的稳定性，但是易产生较大的径向力。

（2）刀片形状的选择。

刀片形状主要依据被加工工件表面形状、切削方法、刀片转位次数和刀具使用寿命等因素选择。

正三角形刀片可用于主偏角为60°或90°的外圆车刀、端面车刀、内孔车刀等，此类车刀刀尖角小、强度较差、耐用度较低，只适用于较小的切削用量。

正五边形刀片的刀尖角为180°，其强度及耐用度较高、散热面积较大，但切削时径向力大，只适于加工系统刚性较好的情况下使用。

正方形刀片的刀尖角为90°，比正三角形刀片的刀尖角要大，因此其强度和散热性能均有所提高。这种刀片通用性较好，主要用于主偏角为45°、60°、75°等的外圆车刀、端面车刀和镗孔刀。

棱形刀片和圆形刀片主要用于成型面和圆弧表面的加工。

常用刀具的刀片形状如图1.1-11所示。

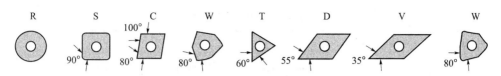

图 1.1 - 11　常用刀具刀片形状

5）工件影响因素

（1）工件形状及稳定性；

（2）工件材质：硬度、塑性、韧性、形成的切屑类型等；

（3）毛坯类型：铸件或锻件等；

（4）工艺系统刚性：机床、夹具、工件、刀具的刚性等；

（5）图样要求表面质量；

（6）加工精度；

（7）切削深度；

（8）进给量；

（9）刀具耐用度。

6）选择工件材料代码

按照不同的机械加工性能，确定被加工材料的组号代码，见表 1.1 - 1。

表 1.1 - 1　加工材料代码

加工材料		材料代码
钢	非合金钢、合金钢、高合金钢、不锈钢、铁素体、马氏体	P（蓝）
不锈钢、铸钢	奥氏体、铁素体—奥氏体	M（黄）
铸铁	灰口铸铁、球墨铸铁、灰口铸铁	K（红）
NF 金属	有色金属、非金属材料	N（绿）
难切削材料	以镍或钴为基体的热固性材料、钛、钛合金及难切削的高合金钢	S（棕）
硬材料	淬硬钢、淬硬铸铁和冷硬模铸件、锰钢	H（白）

7）确定刀片的断屑槽形状

按照加工的背吃刀量和进给量，根据刀具选用手册确定刀片的断屑槽槽型代码。

8）选择加工条件脸谱

即选择刀片适合的加工范围，见表 1.1 - 2。

9）选定刀具

（1）确定刀具材料。

根据被加工工件材料的材料组代号、刀片的断屑槽型、加工条件，参考刀具手册选择刀片材料代号。

（2）选定刀具。

根据工件加工表面轮廓选择刀杆，根据刀杆选择适用的刀片型号。

表 1.1 – 2　刀具加工范围

加工方式 ＼ 机床、夹具和工件系统的稳定性	很好	好	不足
无断续切削加工或表面已经过粗加工	☺	☺	😠
带铸件或锻件硬表层、不断变换切深、轻微的断续切削	☺	😠	😠
中等断续切削	😠	😠	😠
严重断续切削	😠	😠	😠

　　数控加工刀具类型的选择正确与否关系到加工质量、加工成本及生产效率，实际应用中应该根据现有条件综合考虑，力求低成本、高效率。

1.2　数控车床安全文明生产

1.2.1　实训目的

（1）掌握数控车床的结构特点。
（2）掌握数控车床日常维护与保养知识。
（3）掌握数控车床操作技术安全规程。

1.2.2　实训要求

（1）熟悉数控机床结构特点。
（2）熟记数控车床日常维护与保养基本要求。
（3）熟记数控车床操作规程并认真执行。

1.2.3　相关知识

　　数控设备是一种自动化程度较高、结构较复杂的先进加工设备，是企业的关键设备。要发挥数控设备的高效益，就必须正确的操作和精心的维护，才能保证设备的利用率。正确的操作使用能够防止机床非正常磨损，避免突发故障；做好日常维护保养，可使设备保持良好的技术状态，延缓劣化进程，及时发现和消灭故障隐患，从而保证安全运行。

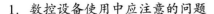

1. 数控设备使用中应注意的问题

1）数控设备的使用环境

为提高数控设备的使用寿命，一般要求避免阳光的直接照射和其他热辐射，要避免太潮湿、粉尘过多或有腐蚀气体的场所。腐蚀气体易使电子元件受到腐蚀变质，造成接触不良或元件间短路，影响设备的正常运行。精密数控设备要远离振动大的设备，如冲床、锻压设备等。

2）电源要求

为了避免电源波动幅度大（大于 ±10%）和可能的瞬间干扰信号等影响，数控设备一般采用专线供电（如从低压配电室分一路单独供给数控机床使用）或增设稳压装置等，均可减少供电质量的影响和电气干扰。

3）操作规程

操作规程是保证数控机床安全运行的重要措施之一，操作者一定要按照操作规程操作。机床发生故障时，操作者要注意保留现场，并向维修人员如实说明出现故障前后的情况，以利于分析、诊断出故障的原因，及时排除。另外，数控机床不宜长期封存不用，购买数控机床以后要充分利用，尤其是投入使用的第一年，以使其容易出现故障的薄弱环节尽早暴露，得以在保修期内排除。在没有加工任务时，数控机床也要定期通电，最好是每周通电 1 ~ 2次，每次空运行 1 小时左右，以利用机床本身的发热量来降低机内的湿度，使电子元件不致受潮湿，同时也能及时发现机床有无电池报警发生，以防止系统软件、参数的丢失。

2. 数控机床的维护保养

数控机床种类多，各类数控机床因其功能、结构及系统的不同，各具有不同的特性。其维护保养的内容和规则也各有特色，具体应根据机床种类、型号及实际使用情况，并参照机床使用说明书要求，制定和建立必要的定期、定级保养制度。下面是一些常见、通用的数控机床日常维护保养要点。

1）数控系统的维护

（1）严格遵守操作规程和日常维护制度。

（2）应尽量少打开数控柜和强电柜的门。

在机加工车间的空气中一般都会有油雾、灰尘甚至金属粉末，一旦它们落在数控系统内的电路板或电子器件上，容易引起元器件间绝缘电阻下降，甚至导致元器件及电路板损坏。有的用户在夏天为了使数控系统能超负荷长期工作，通常打开数控柜的门来散热，这是一种极不可取的方法，其最终将导致数控系统加速损坏。

（3）定时清扫数控柜的散热通风系统。

应该检查数控柜上各个冷却风扇工作是否正常。每半年或每季度检查一次风道过滤器是否有堵塞现象，若过滤网上灰尘积聚过多，不及时清理会引起数控柜内温度过高。

（4）定期更换存储用电池。

一般数控系统内对 CMOS RAM 存储器件设有可充电电池维护电路，以保证系统不通电期间能保持其存储器的内容。在一般情况下，即使电池尚未失效，也应每年更换一次，以确保系统正常工作。电池的更换应在数控系统供电状态下进行，以防更换时 RAM 内信息丢失。

（5）备用电路板的维护。

备用的印制电路板长期不用时，应定期装到数控系统中通电运行一段时间，以防损坏。

2）机械部件的维护

（1）主传动链的维护。

定期调整主轴驱动带的松紧程度，防止因带打滑造成的丢转现象；检查主轴润滑的恒温油箱，调节温度范围，及时补充油量，并清洗过滤器；主轴中刀具夹紧装置长时间使用后，会产生间隙，影响刀具的夹紧，需及时调整液压缸活塞的位移量。

（2）滚珠丝杠螺纹副的维护。

定期检查、调整丝杠螺纹副的轴向间隙，保证反向传动精度和轴向刚度；定期检查丝杠与床身的连接是否有松动；丝杠防护装置有损坏要及时更换，以防灰尘或切屑进入。

（3）刀库及换刀机械手的维护。

严禁把超重、超长的刀具装入刀库，以避免机械手换刀时掉刀或刀具与工件、夹具发生碰撞；经常检查刀座的回零位置是否正确，检查机床主轴回换刀点位置是否到位，并及时调整；开机时，应使刀库和机械手空运行，检查各部分工作是否正常，特别是各行程开关和电磁阀能否正常动作，发现不正常应及时处理。

3）液压、气压系统维护

定期对各润滑、液压、气压系统的过滤器或分滤网进行清洗或更换；定期对液压系统进行油质化验，检查和更换液压油；定期对气压系统分滤器放水。

4）机床精度的维护

定期进行机床水平和机械精度检查并校正。机械精度的校正方法有软、硬两种。其软方法主要是通过系统参数补偿，如丝杠反向间隙补偿、各坐标定位精度定点补偿、机床回参考点位置校正等；硬方法一般要在机床大修时进行，如进行导轨修刮、滚珠丝杠螺母副预紧调整反向间隙等。

3. 安全文明生产

文明生产是现代企业制度一项十分重要的内容，操作者除了要掌握好数控机床的性能并精心操作外，一方面要管好、用好和维护好数控机床；另一方面还必须养成文明生产的良好工作习惯和严谨的工作作风，要具有较好的职业素质、责任心和良好的合作精神。

数控机床日常检查项目见表 1.2 –1。

表 1.2 –1　数控机床日常检查项目

序号	检查周期	检查部位	检查要求
1	每天	导轨润滑油箱	检查油量并及时添加润滑油，检查油泵工作是否正常
2	每天	主轴润滑恒温油箱	检查工作是否正常，油量及温度范围是否合适
3	每天	机床液压系统	油泵有无异响，油面、压力表指示是否正常，油路、接头有无泄漏
4	每天	压缩空气气源压力	压力是否在正常范围内
5	每天	气源自动分水器、空气干燥器	及时清理滤出的水分，确保干燥器工作正常
6	每天	气液转换器和增压油面	油量是否充足，若不充足应及时补充
7	每天	X、Y、Z 轴导轨面	清除切屑及油污，检查导轨面有无划伤、润滑油是否充足
8	每天	CNC 输入/输出单元	检查输入、输出装置连接状态，清理污物

4. 数控车床安全操作规程

（1）认真阅读使用说明书及相关操作手册，完全理解后方可操作机床。

（2）严禁擅自修改 CNC、PMC 的厂家设置参数。

（3）学生操作时必须在老师的指导下进行，必须穿好工作服、戴好工作帽（长发要盘起），禁止戴手套操作机床，严禁在工作场地打闹。

（4）禁止移动或损坏安装在机床上的警告标牌。

（5）不要在机床周围放置障碍物，以保证足够的实习工作空间。

（6）按动各按键时用力应适度，不得用力拍打键盘、按键和显示屏，严禁敲打中心架、顶尖、刀架和导轨。

（7）使用的刀具必须与机床允许的规格相符合，刀具安装好后应进行一、二次试切削。

（8）机床发生故障或不正常现象时，应立即停车检查、排除故障。

（9）操作者离开机床、变换速度、更换刀具、测量尺寸、调整工件时，都应停车。

（10）不允许采用压缩空气清洗机床、电气柜及 NC 单元。

（11）机床开始工作前要中、低速空运转预热 5 min 以上，认真检查润滑系统工作是否正常，如机床已长时间未开动，须先采用手动方式向各部分供油润滑。

（12）检查卡盘夹紧工件的状态，机床开动前必须关好机床防护门。

（13）禁止用手接触刀尖和铁屑，铁屑必须用铁钩子或毛刷来清理。

（14）禁止用手或其他任何方式接触正在旋转的主轴、工件或其他运动部位。

（15）发现机床有异常噪声、振动、发热等现象应立即停车检查。

（16）在加工过程中，不允许打开机床防护门。

（17）工件伸出车床主轴后端 100 mm 以外时，须在伸出位置设防护装置。

（18）工作完成后要清除切屑、擦拭机床，并清理工作场地。

（19）依次关掉机床操作面板上的电源和总电源。

1.2.4　考核要点

数控车床基础知识及技术安全考核。

1. 考核形式

口述。

2. 考核内容

（1）口述数控车床安全操作规程。

（2）比照数控机床，说明各部分名称及其主要功能。

（3）叙述数控机床基本控制原理。

（4）简述数控车床的简单分类及特点。

（5）简述数控车床的日常检查项目。

（6）将提供的刀具分类并说明各刀具的应用范围及特点。

3. 考核要求

以简单扼要的语言叙述以上问题，突出要点。

1.3 华中数控车床基本操作

华中数控 8 系列是一种基于 PC 的车床 CNC 数控装置，是武汉华中数控股份有限公司在国家"八五""九五"科技攻关中取得的重大科技成果，是在华中 I 型（HNC – 1T）高性能数控装置的基础上，为满足市场要求而开发的高性能经济型数控装置。采用彩色 LCD 液晶显示器，内装式 PLC 可与多种伺服驱动单元配套使用，具有开放性好、结构紧凑、集成度高、可靠性好、性能价格比高和操作维护方便的特点。

1.3.1 华中数控系统常用指令

华中数控车床 G 功能代码见表 1.3 – 1。

表 1.3 – 1 华中数控车床 G 功能代码

G 代码	组	功能	格式
G00	01	快速定位	G00 X(U) __ Z(W) __ X，Z：直径编程时，快速定位终点在工件坐标系中的坐标； U，W：增量编程时，快速定位终点相对于起点的位移量
* G01	01	直线插补	G01 X(U) __ Z(W) __ F __ X，Z：绝对编程时，终点在工件坐标系中的坐标； U，W：增量编程时，终点相对于起点的位移量； F：合成进给速度
G01	01	直线后倒角加工 	G01 X(U) __ Z(W) __ C __ X，Z：绝对编程时，为未倒角前两相邻程序段轨迹的交点 G 的坐标值； U，W：增量编程时，为 G 点相对于起始直线轨迹的始点 A 的移动距离； C：倒角终点 C 相对于相邻两直线的交点 G 的距离

G 代码	组	功能	格式
G01	01	直线后倒圆角加工 	G01 X(U) __ Z(W) __ R __ X，Z：绝对编程时，为未倒角前两相邻程序段轨迹的交点 G 的坐标值； U，W：增量编程时，为 G 点相对于起始直线轨迹的始点 A 的移动距离； R：倒角圆弧的半径值
G02	01	顺圆插补 	G02　X(U) __ Z(W) __ F __ X，Z：绝对编程时，圆弧终点在工件坐标系中的坐标； U，W：增量编程时，圆弧终点相对于圆弧起点的位移量； I，K：圆心相对于圆弧起点的增加量，在绝对、增量编程时都以增量方式指定；在直径、半径编程时都是半径值； R：圆弧半径； F：编程的两个轴的合成进给速度
G03	01	逆圆插补	
G02 （G03）	01	圆弧后倒角加工 	G02（G03）X（U）__ Z（W）__ R __ RL = __ X，Z：绝对编程时，为未倒角前圆弧终点 G 的坐标值； U，W：增量编程时，为 G 点相对于圆弧始点 A 的移动距离； R：圆弧半径值； RL：倒角终点 C 相对于未倒角前圆弧终点 G 的距离
G02 （G03）	01	圆弧后倒圆角加工 	G02（G03）X（U）__ Z（W）__ R __ RC = __ X，Z：绝对编程时，为未倒角前圆弧终点 G 的坐标值； U，W：增量编程时，为 G 点相对于圆弧始点 A 的移动距离； R：圆弧半径值； RC：倒角圆弧的半径值

G 代码	组	功能	格式
G04	00	暂停	G04 P __ P：暂停时间，单位为 s
G20 * G21	08	英寸输入 毫米输入	G20 X __ Z __ G21 X __ Z __
G28 G29	00	返回刀参考点 由参考点返回	G28 X __ Z __ G29 X __ Z __
G32	01	螺纹切削 	G32 X(U) __ Z(W) __ R __ E __ P __ F __ 　X，Z：绝对编程时，有效螺纹终点在工件坐标系中的坐标； 　U，W：增将编程时，有效螺纹终点相对于螺纹切削起点的位移量； 　F：螺纹导程，即主轴每转一圈，刀具相对于工件的进给量； 　R，E：螺纹切削的退尾量，R 表示 Z 向退尾量，E 表示 X 向退尾量； 　P：主轴基准脉冲距离螺纹切削起点的主轴转角
* G36 G37	17	直径编程 半径编程	
* G40 G41 G42	09	刀尖半径补偿取消 左刀补 右刀补	G40 G00(G01) X __ Z __ G41 G00(G01) X __ Z __ G42 G00(G01) X __ Z __ 　X，Z：建立刀补或取消刀补的终点，G41/G42 的参数由 T 代码指定
* G54 G55 G56 G57 G58 G59	11	坐标系选择	

续表

G代码	组	功能	格式
G71		内（外）径粗车复合循环（无凹槽加工时） 内（外）径粗车复合循环（有凹槽加工时） 	G71 U（Δd） R（r） P（ns） Q（nf） X（Δx） Z（Δz） F（f） S（s） T（t） G71 U（Δd） R（r） P（ns） Q（nf） E（e） F（f） S（s） T（t） d：切削深度（每次切削量），指定时不加符号； r：每次退刀量； ns：精加工路径第一程序段的顺序号； nf：精加工路径最后程序段的顺序号； x：X方向精加工余量； z：Z方向精加工余量； f，s，t：粗加工时 G71 中编程的 F，S，T 有效，而精加工时处于 ns 到 nf 程序段之间的 F，S，T 有效； e：精加工余量，其为 X 方向的等高距离，外径切削时为正，内径切削时为负
G72	06	端面粗车复合循环 	G72 W（Δd） R（r） P（ns） Q（nf） X（Δx） Z（Δz） F（f） S（s） T（t） d：切削深度（每次切削量），指定时不加符号； r：每次退刀量； ns：精加工路径第一程序段的顺序号； nf：精加工路径最后程序段的顺序号； x：X方向精加工余量； z：Z方向精加工余量； f，s，t：粗加工时 G71 中编程的 F，S，T 有效，而精加工时处于 ns 到 nf 程序段之间的 F，S，T 有效；
G73		闭环车削复合循环 	G73 U（ΔI） W（Δk） R（r） P（ns） Q（nf） X（Δx） Z（Δz） F（f） S（s） T（t） I：X方向的粗加工总余量； k：Z方向的粗加工总余量； r：粗切削次数； ns：精加工路径第一程序段的顺序号； nf：精加工路径最后程序段的顺序号； x：X方向精加工余量； z：Z方向精加工余量； f，s，t：粗加工时 G71 中编程的 F，S，T 有效，而精加工时处于 ns 到 nf 程序段之间的 F，S，T 有效

G 代码	组	功能	格式
G76	06	螺纹切削复合循环 	G76 C(c) R(r) E(e) A(α) X(x) Z(z) I(i) K(k) U(d) V(Δdmin) Q(Δd) P(p) F(L) c: 精整次数（1~99）为模态值; r: 螺纹 Z 向退尾长度（00~99）为模态值; e: 螺纹 X 向退尾长度（00~99）为模态值; α: 刀尖角度（二位数字）为模态值，在 80°，60°，55°，30°，29°，0 六个角度中选一个; x, z: 绝对编程时为有效螺纹终点的坐标，增量编程时为有效螺纹终点相对于循环起点的有向距离; i: 螺纹两端的半径差; k: 螺纹高度; dmin: 最小切削深度; d: 精加工余量（半径值）; d: 第一次切削深度（半径值）; P: 主轴基准脉冲处距离切削切削起始点的主轴转角; L: 螺纹导程
G80		圆柱面内（外）径切削循环 	G80 X __ Z __ F __ X, Z: 切削终点坐标值; F: 进给速度
		圆锥面内（外）径切削循环 	G80 X __ Z __ I __ F __ X, Z: 切削终点坐标值; F: 进给速度; I: 切削起点 B 与切削终点 C 的半径差

续表

G代码	组	功能	格式
G81		端面车削固定循环 	G81 X __ Z __ F __ X，Z：切削终点坐标值； F：进给速度
			G81 X __ Z __ K __ F __ X，Z：切削终点坐标值； F：进给速度； K：切削起点 B 相对于切削终点 C 的 Z 向有向距离
G82		直螺纹切削循环 锥螺纹切削循环 	G82 X __ Z __ R __ E __ C __ P __ F __ G82 X __ Z __ I __ R __ E __ C __ P __ F __ R，E：螺纹切削的退尾量，R 为 Z 向回退尾量，E 为 X 向回退尾量；R，E 可以省略，表示不用回退功能； C：螺纹头数，为 0 或 1 时切削单头螺纹； P：单头螺纹切削时，为主轴基准脉冲处距离切削起始点的主轴转角（缺省值为 0）；多头螺纹切削时，为相邻螺纹头的切削起始点之间对应的主轴转角； F：螺纹导程； I：螺纹起点 B 与螺纹终点 C 的半径差

续表

G 代码	组	功能	格式
＊G90 G91	13	绝对编程 相对编程	
G92	00	工件坐标系设定	G92 X ＿ Z ＿
＊G94 G95	14	每分钟进给速率 每转进给	G94 ［F ＿］ G95 ［F ＿］ F：进给速度
G96 G97	16	恒线速度切削	G96 S ＿ G97 S ＿ S：G96 后面的 S 值为切削的恒定线速度，单位为 m/min；G97 后面的 S 值为取消恒线速度后，指定的主轴转速，单位为 r/min，如为默认值，则为执行 G96 指令前的主轴转速度

华中数控车床 M 功能代码见表 1.3 - 2。

表 1.3 - 2 华中数控车床 M 功能代码

代码	意义	格式
＊M00	程序停止	
＊M02	程序结束	
＊M03	主轴正转转动	
＊M04	主轴反转转动	
＊M05	主轴停止转动	
M07	切削液开启	
M08	切削液开启	
M09	切削液关闭	
＊M30	结束程序运行且返回程序开头	
＊M98	子程序调用	M98 P$nnnn$ L× × 调用程序号为 %$nnnn$ 的程序 × × 次
＊M99	子程序结束	子程序格式： %$nnnn$ … … M99

1.3.2 华中数控系统（8系列）操作面板

1. 机床控制面板 MCP

标准机床控制面板的大部分按钮（除"急停"按钮外）位于操作台的下部，"急停"按钮位于操作台的右下角。机床控制面板用于直接控制机床的动作或加工过程。

2. 软件操作界面

HNC-8BT 的软件操作界面如图 1.3-1 所示，其主要由以下几个部分组成。

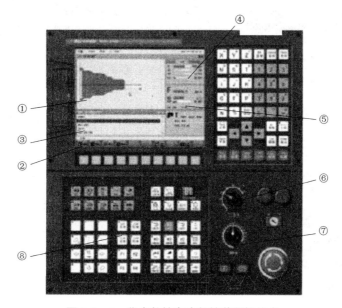

图 1.3-1　华中数控车床数控装置操作台

① 图形显示窗口：可以根据需要用功能键"F9"设置窗口的显示内容。

② 菜单命令条：通过菜单命令条中的功能键"F1"～"F10"来完成系统功能的操作。

③ 运行程序索引：自动加工中的程序名和当前程序段行号。

④ 选定坐标系下的坐标值：坐标系可在"机床坐标系""工件坐标系""相对坐标系"之间切换，显示值可在"指令位置""实际位置""剩余进给""跟踪误差""负载电流""补偿值"之间切换。

⑤ 辅助机能：自动加工中的 M、S、T 代码，系统运行状态及当前时间。

工作方式：系统工作方式根据机床控制面板上相应按键的状态，可在"自动运行""单段运行""手动运行""增量运行""回零""急停""复位"等之间切换；

运行状态：系统工作状态可在"运行正常"和"出错"间切换；

系统时钟：显示当前系统时间。

⑥ 主轴修调：当前主轴修调倍率。

⑦ 进给修调：当前进给修调倍率。

⑧ 快速修调：当前快进修调倍率。

操作界面中最重要的一块是菜单命令条，系统功能的操作主要通过菜单命令条中的功能键"F1"~"F10"来完成。由于每个功能包括不同的操作，故菜单采用层次结构，即在主菜单下选择一个菜单项后，数控装置会显示该功能下的子菜单，用户可根据该子菜单的内容选择所需的操作。

3. 华中数控车床（HNC-21T）按钮（见表1.3-3）

表1.3-3 华中数控机床（HNC-21T）按钮

按钮图示	说明
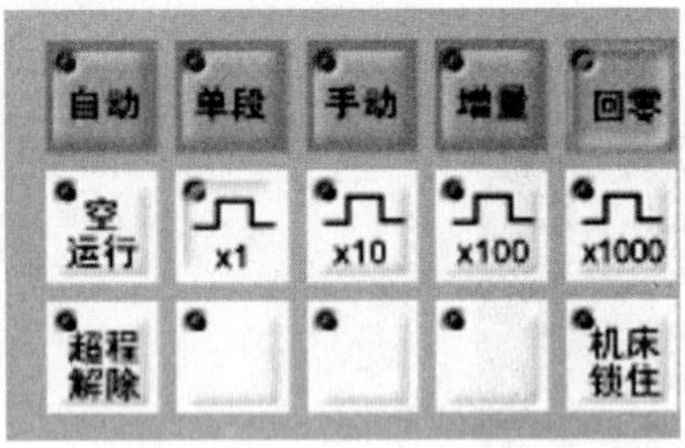	自动：可进行加工、执行程序校验、MDI运行； 单段：进行加工、执行程序校验、MDI运行； 手动：配合坐标轴方向按钮手动移动坐标轴； 增量：配合移动倍率（×1、×10、×100）增量移动坐标轴； 回零：配合坐标轴（+X或+Z）按键执行回零操作； 空运行：执行程序时以机床设定快速移动速度移动坐标轴； 超程解除：配合坐标轴方向按钮解除轴超程； 机床锁住：锁定机床坐标轴
	冷却开停：控制冷却液开、关； 刀位转换：手动状态下进行刀具换位； 主轴正转、主轴停止、主轴反转：在手动、单段状态下控制主轴转动、停止
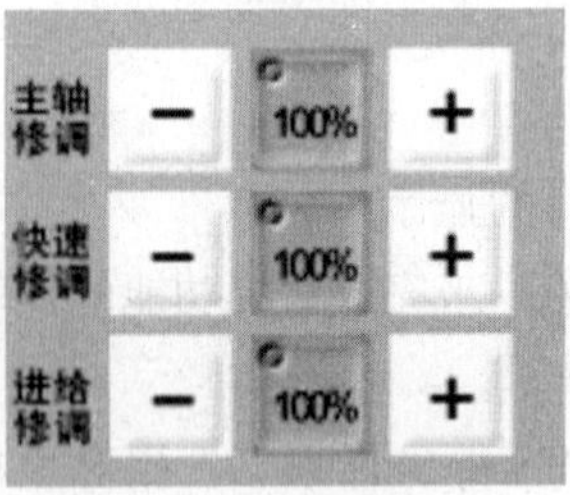	主轴修调：主轴转速倍率修调（10%/次），最高为150%； 快速修调：修调G00及快进移动速度（10%/次），最高为100%； 进给修调：修调G01及手动移动速度（10%/次），最高为200%
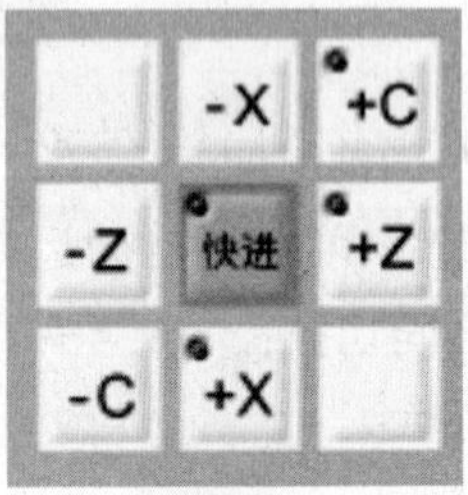	+X、-X：X轴移动方向控制键； +Z、-Z：Z轴移动方向控制键； +C、-C：C轴移动方向控制键； 快进：同时按下快进和坐标轴移动按键可实现坐标轴快速移动
	循环启动：自动状态下运行程序、MDI指令； 进给保持：暂停运行程序（只暂停进给运动），按"循环启动"按钮后继续运行

1.3.3 华中数控车床基本操作

1. 开机、上电
(1) 检查机床状态是否正常;
(2) 检查电源电压是否符合要求、接线是否正确;
(3) 按下"急停"按钮;
(4) 机床上电;
(5) 数控系统上电;
(6) 检查风扇电动机运转是否正常;
(7) 检查面板上的指示灯是否正常。

接通数控装置电源后,HNC-21T自动运行系统软件,此时液晶显示器显示系统上电屏幕,软件操作界面工作方式为"急停"。在上电和关机之前应按下"急停"按钮,以减少设备的电冲击。

2. 回零(返回机床参考点)
控制机床运动的前提是建立机床坐标系,为此,系统接通电源、复位后首先应进行机床各轴回参考点操作。方法如下:
(1) 如果系统显示的当前工作方式不是回零方式,则按一下控制面板上面的"回零"按键,确保系统处于"回零"方式;
(2) 根据 X 轴机床参数回参考点方向,按一下"+X"按键,X 轴回到参考点后,"+X"按键内的指示灯亮;
(3) 用同样的方法使用"+Z"按键,使 Z 轴回参考点,此时"+Z"按键内的指示灯亮;当所有轴回参考点后,即建立了机床坐标系。

注意事项:
(1) 在每次电源接通后,必须先完成各轴的返回参考点操作,然后再进入其他运行方式,以确保各轴坐标值的正确性;
(2) 同时按下"+X""+Z"轴方向选择按键,可使 X、Z 轴同时返回参考点;
(3) 在回参考点前应确保回零的各轴位于"回参考点"的方向相反侧,如 X 轴的回参考点方向为正,则回参考点前应保证 X 轴当前位置在参考点的负向侧,否则应手动移动该轴直到满足此条件。

3. 超程解除
在伺服轴行程的两端各有一个极限开关,作用是防止伺服机构碰撞而损坏。每当伺服机构碰到行程极限开关时,就会出现超程报警。当某轴出现超程,"超程解除"按键内指示灯亮时,系统视其状况为紧急停止。要退出超程状态时需进行以下操作:
(1) 松开"急停"按钮,置工作方式为"手动"或"手摇"方式;
(2) 一直按压着"超程解除"按键,控制器会暂时忽略超程的紧急情况;
(3) 在手动(手摇)方式下,向该轴相反方向移动,退出超程状态;
(4) 松开"超程解除"按键,若显示屏上运行状态栏中"运行正常"取代了"出错",则表示恢复正常,可以继续操作。

4．机床手动操作

1）坐标轴移动

手动移动机床坐标轴的操作，由手持单元和机床控制面板上的方式选择"手动""增量倍率""进给修调""快速修调"等按键共同完成。

2）点动进给

按一下控制面板上的"增量"按键（指示灯亮），系统处于增量进给方式，可增量移动机床坐标轴（下面以增量进给 X 轴为例说明）：

（1）按一下"X"键以及方向键（指示灯亮），X 轴将向正向或负向移动一个增量值；

（2）再按一下"X"键以及方向键，X 轴将向正向或负向继续移动一个增量值；

（3）用同样的操作方法，使用"Z"按键，可使 Z 轴向正向或负向移动一个增量值。

同时按一下 X、Z 方向的轴手动按键，能同时增量进给 X、Z 坐标轴。

根据不同的控制面板，增量值的按键不同。

增量进给的增量值由机床控制面板的"×1""×10""×100""×1 000"四个增量倍率按键控制。增量倍率按键和增量值的对应关系如表 1.3 – 4 所示。

表 1.3 – 4　增量倍率按键和增量值的对应关系

增量倍率按键	×1	×10	×100	×1 000
增量值/mm	0.001	0.01	0.1	1

注意：这几个按键互锁，即按下其中一个（指示灯亮），其余几个会失效（指示灯灭）。

3）手动数据输入（MDI）运行

按 █ 键进入"MDI"功能子菜单，这时可以从 NC 键盘输入一个 G、M、S、T 代码指令段，在"自动"状态下按"循环启动"键，即运行输入的指令段；按"F1"（"MDI 停止"）运行停止；按"F2"（"MDI 清除"）则清除输入的指令段。如果输入的"MDI"指令信息不完整或存在语法错误，系统会提示相应的错误信息，此时不能运行"MDI"指令。

例：使主轴正转，转速为 500 r/min。

在 MDI 方式下，输入 M03 S500 后，按软键盘输入"F10"；

切换运行模式到"自动"或"单段"方式；

按"循环启动"键，则主轴以 500 r/min 的转速转动。

5．程序编辑与执行

在软件操作主菜单界面下按 █ 按键。

1）选择文件

选择文件的操作方法：

（1）如图 1.3 – 2 所示，用"▲"和"▼"选择存储器类型（系统盘、U 盘、CF 卡），也可用"Enter"键查看所选存储器的子目录。

（2）用光标键"▶"切换至程序文件列表。

（3）用"▲"和"▼"键选择程序文件。

（4）按"Enter"键，即可将该程序文件选中并调入加工缓冲区。

（5）如果被选程序文件是只读 G 代码文件，则有［R］标识。

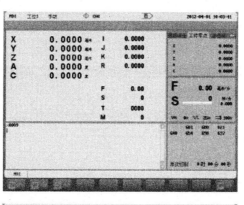

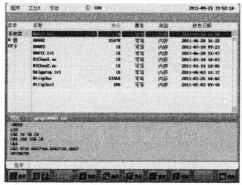

图1.3-2　文件选择

2）程序编辑与管理

（1）如果用户没有选择，则系统指向上次存放在加工缓冲区的一个加工程序。

（2）程序文件名一般是由字母"O"开头，后跟四个（或多个）数字或字母。系统默认为程序文件名是由O开头的。

（3）HNC-818系统支持的文件名长度为8+3格式：文件名由1~8个字母或数字组成，再加上扩展名（0~3个字母或数字组成），如"My12345"和"O1234"等。

3）新建程序

操作步骤：

（1）在菜单命令条中，按"程序"→"编辑"→"新建"对应功能键。

（2）输入文件名，按"Enter"键确认后，就可编辑新文件了。

注意事项：

（1）新建程序文件的默认目录为系统盘的"prog"目录；

（2）新建文件名不能和已存在的文件名相同。

（3）新建程序后，需按"程序"→"编辑"→"保存"对应功能键，系统则完成保存文件的工作。

4）程序编辑

在菜单命令条中，用户按"程序"→"编辑"对应功能键，编辑或选择要编辑的程序，再按"Enter"键后即可以编辑加工程序了。

华中系统支持快捷键编辑操作：

Del：删除光标后的一个字符，光标位置不变，余下的字符左移一个字符位置；

Pgup：使编辑程序向程序头滚动一屏，光标位置不变，如果到了程序头，则光标移到文件首行的第一个字符；

Pgdn：使编辑程序向程序尾滚动一屏，光标位置不变，如果到了程序尾，则光标移到文件末行的第一个字符；

BS：删除光标前的一个字符，光标向前移动一个字符位置，余下的字符左移一个字符位置；

◄：使光标左移一个字符位置；

►：使光标右移一个字符位置；

▲：使光标向上移一行；

▼：使光标向下移一行；

ALT + B：定义块首；

ALT + E：定义块尾；

ALT + D：块删除；

ALT + X：剪切；

ALT + C：复制；

ALT + V：粘贴；

ALT + F：查找；

ALT + N：查找下一个。

5）程序校验

程序校验用于对调入加工缓冲区的程序文件进行校验，并提示可能的错误。对于未在机床上运行的新程序，在调入后最好先进行校验运行，正确无误后再启动自动运行。具体操作如下：

（1）调入要校验的加工程序（程序→选择→选择程序→按"Enter"键）；

（2）按机床控制面板上的"自动"或"单段"按键，进入程序运行方式；

（3）在菜单命令条中，按"校验"对应功能键，此时系统操作界面的工作方式显示为"校验"；

（4）按机床控制面板上的"循环启动"按键，程序校验开始；

（5）若程序正确，校验完成后，光标将返回到程序头，且系统操作界面的工作方式显示改为"自动""单段"；若程序有错，命令行将提示程序的哪一行有错误。

1.3.4 数控车床对刀操作

1. 实训目的

（1）合理组织工作位置，注意操作姿势，养成良好的操作习惯；

（2）掌握数控车床基本操作及对刀的基本原理；

（3）熟练手动操作各轴移动，并能够控制运动方向和进行速度调节；

（4）熟知常用刀具装夹基本要求，掌握刀具装夹技巧；

（5）熟练掌握试切对刀的技能；

（6）提高量具使用技能。

2．实训要求

（1）严格按照数控车床的操作规程进行操作，防止人身、设备事故的发生；

（2）在自动加工前应由实习指导教师检查各项调试是否正确后方可进行加工；

（3）各类刀具安装符合安装要求；

（4）测量方法得当；

（5）严格按照试切对刀法操作步骤实施对刀练习。

3．相关工艺知识

1）刀具安装

（1）90°外圆车刀安装的基本要求。

① 装夹车刀时，刀尖位置应对准工件中心（可根据零件回转轴心线或尾座顶尖高度检查）；

② 车刀主切削刃与主轴轴线之间的夹角为90°～93°；

③ 车刀杆不应伸出过长，一般为20～30 mm（为刀体厚度的1～1.5倍）；

④ 两个螺钉轮流夹紧。

（2）切槽刀安装基本要求。

① 装夹车刀时，刀尖位置应对准工件中心（可根据零件回转轴心线或尾座顶尖高度检查）；

② 车刀主切削刃与主轴轴线平行；

③ 车刀不应伸出过长，一般为20～30 mm（为刀体厚度的1～1.5倍）；

④ 两个螺钉轮流夹紧。

（3）螺纹车刀的装夹。

① 装夹车刀时，刀尖位置应对准工件中心（可根据尾座顶尖高度检查）；

② 车刀刀尖角的对称中心线必须与工件轴线垂直；

③ 车刀不应伸出过长，一般为20～30 mm（为刀体厚度的1～1.5倍）；

④ 两个螺钉轮流夹紧。

2）数控车床对刀操作

对刀是数控加工中的主要操作和重要技能。在一定条件下，对刀的精确度可以决定零件的加工精度，同时对刀速度还会直接影响数控车床的加工效率。数控车床对刀常用的方法有对刀仪对刀和试切对刀。利用对刀仪对刀，操作简便、安全，操作者容易掌握；声、光指示信号清晰、明确，便于对刀操作。图1.3－3所示为几种常见的数控车床对刀仪。

（a）　　　　　　　（b）　　　　　　　（c）　　　　　　　（d）

图1.3－3　数控车床常用对刀仪

（a）机械式机内对刀仪；（b）便携式机内对刀仪；（c）ATC光学机内对刀仪；（d）机外对刀仪

零件的数控加工程序编制和机床加工是分开进行的。编程员根据零件的设计图纸，选定一个方便编程的坐标系及其原点，我们称为程序坐标系和程序原点。程序原点一般与零件的工艺基准或设计基准重合，因此又称作工件原点。

数控车床通电后，须进行回零（参考点）操作，其目的是建立数控车床进行位置测量、控制、显示的统一基准，该点就是机床原点，它的位置由机床位置传感器决定。由于机床回零后，刀具（刀尖）的位置距离机床原点是固定不变的。在图 1.3 - 4 中，O 是程序原点，O' 是机床回零后以刀尖位置为参照的机床原点。

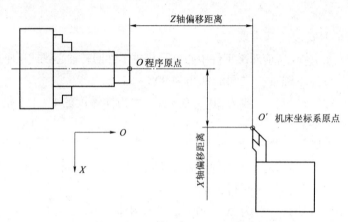

图 1.3 - 4　数控车床对刀原理

编程员按程序坐标系中的坐标数据编制刀具（刀尖）的运行轨迹。由于刀尖的初始位置（机床原点）与程序原点存在 X 向偏移距离和 Z 向偏移距离，使得实际的刀尖位置与程序指令的位置有同样的偏移距离。因此，须将该距离测量出来并设置到数控系统中，使系统依据此距离调整刀尖的运动轨迹。

所谓对刀，其实质就是测量程序原点与机床原点之间的偏移距离并设置程序原点在以刀尖为参照的机床坐标系里的坐标。

试切法对刀是用所选的刀具试切零件的外圆和端面，经过测量和计算得到零件端面中心点的坐标值。以 90°外圆车刀为例，介绍试切法对刀的基本操作过程。

（1）按照刀具安装要求装好刀具后，单击操作面板中的 按钮，切换到"手动"方式。

（2）单击操作面板上的 按钮，使主轴转动。

（3）利用操作面板上的按钮 -x +x 、 -z +z 或手摇轮，使刀具移动到可切削零件的大致位置，切削量应尽量小些，以保证工件材料留有足够的加工余量。

（4）单击 -z 按钮，移动 Z 轴，用所选刀具试切工件外圆后单击 +z 按钮，使刀具沿 Z 轴正方向退出；按动 按钮停止主轴，测量试切后外圆的直径，如图 1.3 - 5 （a）所示。

（5）将测量的直径值输入"刀具补偿 F4"菜单下"刀偏表 F1"列表中对应刀号的"试切直径"栏中，按 按钮确认，则对应的"X 偏置"栏中出现的数值为该刀具在机床坐标系下"X0"的偏置值，如图 1.3 - 6 中#0001 号的 X 偏置值。

（6）单击操作面板上的 按钮，使主轴转动。

（7）利用操作面板上的按钮 -x +x 、 -z +z ，使刀具移动到可切削零件的大致位置。

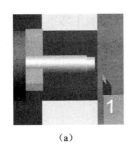
（a）

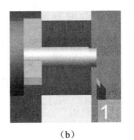
（b）

图 1.3 – 5　数控车床对刀

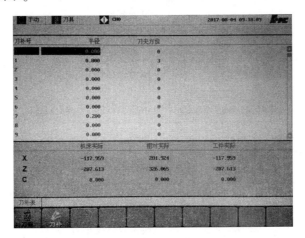

图 1.3 – 6　刀偏表

（8）单击 `-x` 按钮，移动 X 轴，用所选刀具试切工件端面后单击 `+x` 按钮，使刀具沿 X 轴正方向退出（见图 1.3 – 5（b））；按动 `主轴停止` 按钮停止主轴，测量试切后端面切削深度，将测量深度值输入列表中对应刀号地址的"试切长度"栏，按 `Enter` 按钮确认，则对应的"Z 偏置"栏中出现的数值为该刀具在机床坐标系下"Z0"的偏置值，如图 1.3 – 6 中 #0001 号的 Z 偏置值。

（9）在刀具"刀补表"中输入刀具的"刀尖圆弧半径""刀尖方位"即完成刀具的对刀过程，如图 1.3 – 7 所示。

图 1.3 – 7　刀补表

机床自身可以通过获取刀具偏置值，确定其他刀具在加工零件时的工件坐标原点。但在加工过程中，由于存在对刀误差、机床精度误差且不同切削深度所产生的切削力不同，故会影响零件加工的实际尺寸。通过"试切→测量→误差补偿"的思路，反复修调偏移量、基准刀的程序起点位置和非基准刀的刀偏值或修调刀具磨损值，使程序加工指令值与实际测量值的误差达到精度要求。

偏移量的修正公式为：

$$\Delta\delta = 理论值（程序指令值） - 实际值（测量值）$$

4．工、量具及材料准备

（1）刀具：材料为 HSS 的 90°外圆车刀、切槽刀（5 mm）、60°螺纹车刀。

（2）量具：0~150 mm 游标卡尺、25~50 mm 外径千分尺。

（3）材料：$\phi 32$ mm × 100 mm。

5．操作步骤

（1）工件装夹、找正；

（2）安装提供的刀具；

（3）将表 1.3-5 中程序录入机床；

表 1.3-5　对刀操作检验程序

程序	程序注释
%0001	程序名
N02 T0101	换 1 号刀
N04 G00 X35. Z3. M03 S400	快速定位到距端面 3 mm 处，主轴正转
N06 G00 X28.	快速定位到 X 轴起点
N08 G01 Z-49.95 F80	车削 ϕ28 mm 外圆
N10 X35.	退刀
N12 G00 X50. Z100.	退回到换刀点
N14 T0202	换 2 号切槽刀
N15 G00 X35 Z3.	快速定位到 ϕ35 mm、端面 3 mm 处
N16 Z-45.	快速定位到 Z-45 处
N18 G01 X21.95 F60	切槽
N20 X30.	退刀
N22 G00 X50. Z100.	退回到换刀点
N24 T0303	换 3 号螺纹车刀

续表

程序	程序注释
N25 G00 X30.	快速定位到 $\phi 30$ mm 处
N26 G00 Z – 10.	Z 轴定位
N28 G01 X26. F60	切60°槽
N30 G00 X50	退刀
N32 Z100 M05	退刀，主轴停转
N34 M30	程序结束

（4）完成90°外圆车刀、切槽刀（5 mm）、60°螺纹车刀的对刀操作；

（5）程序校验（教师检查校验过程及结果）；

（6）完成图1.3 – 8所示零件的加工。

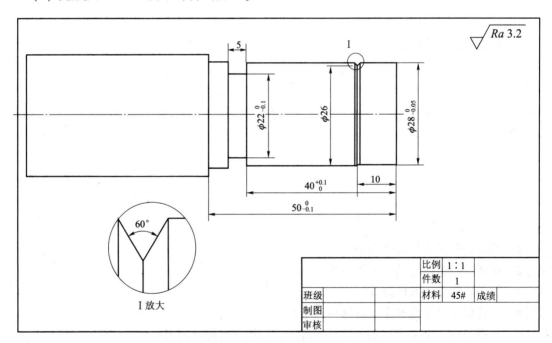

图1.3 – 8　对刀操作练习

重点提示

（1）程序在输入后要养成用图形模拟校验的习惯，以保证加工的安全性；

（2）要按照操作步骤逐一进行相关训练；

（3）选用合理的切削用量，试切时注意控制进给速率；

（4）工件旋转时，不得测量或清除切屑。

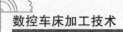
《数控车床加工技术》实训报告单

实训项目＿＿＿＿＿＿＿＿＿＿＿＿＿＿＿＿＿＿＿＿　成绩＿＿＿＿＿＿＿

班级＿＿＿＿＿　学号＿＿＿＿＿　姓名＿＿＿＿＿　机床型号＿＿＿＿＿

一、实训目的与要求

二、实训内容简述

三、实训报告内容

1. 对刀操作中出现的问题或难点：

2. 解决问题的方法：

四、学习体会

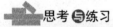思考与练习

1. 简述数控机床的发展趋势。
2. 简述数控机床的基本工作原理。
3. 如何选择常用数控刀具？
4. 数控机床日常维护应注意哪些问题？
5. 根据 HNC – 21T 数控系统的功能特点，如何实现标准对刀操作？

第 2 章 刀 具 刃 磨

　　车刀的刃磨是切削加工中一项具有较高技术含量的基本操作，操作者需要熟悉相关理论知识和刃磨原理。车刀刃磨质量的好坏，直接影响到修磨、装刀、对刀的频率。数控车削加工中的对刀是一个比较棘手的问题。车刀质量高，可减少卸刀、刃磨、装刀和对刀的次数，也有利于提高数控加工的生产效率。

　　本章主要介绍以下几方面内容：

　　（1）常用刀具材料。

　　（2）刀具切削部分的基本定义。

　　（3）90°外圆车刀的刃磨。

　　（4）切断（切槽）刀的刃磨。

　　（5）公制三角形外螺纹车刀的刃磨。

　　通过本章的学习，熟悉常用刀具材料的特性，掌握常用刀具角度及刃磨技巧。

2.1　90°外圆车刀刃磨

2.1.1　常用刀具材料

　　刀具材料主要是指刀具切削部分的材料。刀具切削性能的优劣，直接影响着生产效率、加工质量和生产成本。而刀具的切削性能，首先取决于切削部分的材料；其次是几何形状及刀具结构的选择和设计是否合理。

　　1. 刀具材料的基本要求

　　在切削过程中，刀具切削部分不仅要承受很大的切削力，而且要承受切屑变形及摩擦产生的高温。若要保持刀具的切削能力，则刀具应具备以下切削性能。

　　1）高的硬度和耐磨性

　　刀具材料的硬度必须高于工件材料的硬度，否则在高温、高压下，就不能保持刀具锋利的几何形状，这是刀具材料应具备的最基本的特征，常温下一般应在 HRC60 以上。一般来说，刀具材料的硬度越高，耐磨性也越好。此外，刀具材料的耐磨性还和金相组织中化学成分及硬质点的性质、数量、颗粒的大小和分布情况有关。金相组织中碳化物越多，颗粒越细，分布越均匀，其耐磨性就越高。

　　2）足够的强度和韧性

　　刀具切削部分要承受很大的切削力和冲击力。因此，刀具材料必须有足够的强度和韧性。

3）良好的耐热性和导热性

刀具材料的耐热性是指在高温下仍能保持其硬度和强度的性能，又称红硬性。耐热性越好，刀具材料在高温时抗塑性变形和抗磨损的能力也越强。切削加工不仅要求刀具具有较好的耐热性，还要求刀具材料具备良好的导热性能，刀具材料的导热性越好，切削时产生的热量越容易传导出去，从而降低切削部分的温度，减轻刀具磨损。

4）良好的工艺性和经济性

为便于制造，要求刀具材料具有良好的可加工性，包括热加工性能（热塑性、可焊性、淬透性）和机械加工性能。经济性是评价和推广新型刀具材料的重要指标之一。

5）良好的抗黏结性

切削加工要求刀具材料应能避免加工中刀具材料分子与工件间在高温高压作用下互相吸附产生黏结。

6）化学稳定性

化学稳定性是指刀具材料在高温下，不易与周围介质发生化学反应。

2. 常用刀具材料

刀具材料的种类很多，常用的工具钢包括碳素工具钢、合金工具钢和高速钢、硬质合金、陶瓷、金刚石和立方氮化硼等。

碳素工具钢和合金工具钢，因耐热性很差，只宜做手工刀具。

陶瓷、金刚石和立方氮化硼，由于质脆、工艺性差及价格昂贵等，仅在较小的范围内使用。

目前最常用的刀具材料是高速钢和硬质合金。

1）高速钢

高速钢是在合金工具钢中加入较多的钨、钼、铬、钒等合金元素的高合金工具钢。它具有较高的强度、韧性和耐热性，是目前应用最广泛的刀具材料。因刃磨时易获得锋利的刃口，故又称"锋钢"。

高速钢按用途不同可分为普通高速钢、高性能高速钢和粉末高速钢。

（1）普通高速钢。普通高速钢具有一定的硬度（HRC 62~67）和耐磨性、较高的强度和韧性，切削钢料时切削速度一般不高于 50~60 m/min，不适合高速切削和硬材料的切削。常用牌号有 W18Cr4V 和 W6Mo5Cr4V2。

（2）高性能高速钢（HSS-E）。HSS-E 是指在 HSS 成分基础上加入 Co、Al 等合金元素，并适当增加含碳量，以提高耐热性、耐磨性的钢种。这类钢的红硬性比较高，经 $625℃ \times 4$ h 后硬度仍保持在 HRC60 以上，刀具的耐用度为 HSS 刀具的 1.5~3 倍。以 M35、M42 为代表的 HSS-E 产量逐年在增加。501 是我国自产的高性能高速钢，在成型铣刀、立铣刀等方面应用十分普遍，在复杂刀具方面应用也比较成功。由于数控机床、加工中心、高难加工材料发展迅速，HSS-E 刀具材料亦逐步增加。

（3）粉末高速钢（HSS-PM）。和冶炼高速钢相比，HSS-PM 力学性能有显著的提高。在硬度相同的条件下，后者的强度比前者高 20%~30%，韧性提高 1.5~2 倍，在国外应用十分普遍。我国在 20 世纪 70 年代曾研制出多种牌号的 HSS-PM，并投入市场。

2）硬质合金

硬质合金是由硬度和熔点都很高的碳化物，用 Co、Mo、Ni 作黏结剂烧结而成的粉末冶金制品。其常温硬度可达 78 ~ 82 HRC，能耐 850℃ ~ 1 000℃ 的高温，切削速度可比高速钢高 4 ~ 10 倍。但其冲击韧性与抗弯强度远比高速钢差，因此很少做成整体式刀具。实际使用中，常将硬质合金刀片焊接或用机械夹固的方式固定在刀体上。

我国目前生产的硬质合金主要分为三类：

（1）K 类（YG）即钨钴类，由碳化钨和钴组成。这类硬质合金韧性较好，但硬度和耐磨性较差，适用于加工铸铁、青铜等脆性材料。常用的牌号有 YG8、YG6、YG3，它们制造的刀具依次适用于粗加工、半精加工和精加工。数字表示 Co 含量的百分数，YG6 即含 Co 为 6%，含 Co 越多，则韧性越好。

（2）P 类（YT）即钨钴钛类，由碳化钨、碳化钛和钴组成。这类硬质合金耐热性和耐磨性较好，但抗冲击韧性较差，适用于加工钢料等韧性材料。常用的牌号有 YT5、YT15、YT30 等，其中的数字表示碳化钛含量的百分数，碳化钛的含量越高，则耐磨性越好、韧性越低。这三种牌号的硬质合金制造的刀具分别适用于粗加工、半精加工和精加工。

（3）M 类（YW）即钨钴钛钽铌类，由在钨钴钛类硬质合金中加入少量的稀有金属碳化物（TaC 或 NbC）组成。它具有前两类硬质合金的优点，用其制造的刀具既能加工脆性材料，又能加工韧性材料，同时还能加工高温合金、耐热合金及合金铸铁等难加工材料。常用牌号有 YW1、YW2。

3．其他刀具材料简介

1）涂层硬质合金

这种材料是在韧性、强度较好的硬质合金基体或高速钢基体上，采用化学气相沉积（CVD）法或物理气相沉积（PVD）法涂覆一层极薄的、硬度和耐磨性极高的难熔金属化合物而得到的刀具材料。通过这种方法，使刀具既具有基体材料的强度和韧性，又具有很高的耐磨性。常用的涂层材料有 TiC、TiN、Al_2O_3 等。TiC 的韧性和耐磨性好；TiN 的抗氧化、抗黏结性好；Al_2O_3 的耐热性好。使用时可根据不同的需要选择涂层材料。

2）陶瓷

其主要成分是 Al_2O_3，刀片硬度可达 78 HRC 以上，能耐 1 200℃ ~ 1 450℃ 的高温，故能承受较高的切削速度。但抗弯强度低，冲击韧性差，易崩刃，主要用于钢、铸铁、高硬度材料及高精度零件的精加工。

3）金刚石

金刚石分人造和天然两种，做切削刀具的材料大多数是人造金刚石，其硬度极高，可达 10 000HV（硬质合金仅为 1 300 ~ 1 800HV），其耐磨性是硬质合金的 80 ~ 120 倍。但刃性差，对含碳量高的材料亲和力大。因此一般不宜加工黑色金属，主要用于硬质合金、玻璃纤维塑料、硬橡胶、石墨、陶瓷、有色金属等材料的高速精加工。

4）立方氮化硼（CNB）

这是人工合成的超硬刀具材料，其硬度可达 7 300 ~ 9 000HV，仅次于金刚石的硬度，且热稳定性好，可耐 1 300℃ ~ 1 500℃ 的高温，对含碳量高的材料亲和力小。但强度低，焊接性差。目前主要用于加工淬火钢、冷硬铸铁、高温合金和一些难加工材料。

2.1.2 90°外圆车刀的基本参数

1. 零件加工表面

金属切削加工是指利用金属切削刀具把工件毛坯上预留的金属材料切除，获得图样要求的零件。在切削过程中，刀具与工件之间进行相对运动，工件车削时，工件上形成了三个不断变化的表面，如图 2.1 – 1 所示。

1）待加工表面

工件上有待切除切削层的表面称为待加工表面。

2）过渡表面（加工表面）

工件上由切削刃正在切削所形成的那部分表面称为过渡表面或加工表面。

3）已加工表面

工件上经刀具切削后产生的表面称为已加工表面。

2. 刀具切削部分的基本定义

1）刀具切削部分的组成

车刀切削部分由 "三面两刃一尖" 组成，如图 2.1 – 2 所示。

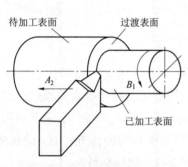

图 2.1 –1　零件加工表面

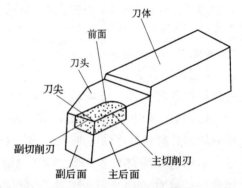

图 2.1 –2　车刀的组成

（1）前面：前面是刀具上切屑流过的表面，又称前刀面 A_γ。

（2）主后面：主后面是刀具上与过渡表面相对的表面 A_α。

（3）副后面：副后面是刀具上与工件已加工表面相对的表面 A'_α。

（4）主切削刃：主切削刃是前刀面与主后刀面的交线 S。

（5）副切削刃：副切削刃是前刀面与副后刀面的交线 S'。

（6）刀尖：刀尖指的是主切削刃与副切削刃连接处的那一小部分切削刃。

2）确定刀具角度的参考系

刀具静止参考系（标注参考系）：不考虑进给运动，即在特定的安装条件下的参考系，如图 2.1 – 3 所示。

刀具工作参考系（动态参考系）：是确定刀具在切削运动中有效工作角度的基准，考虑了进给运动及安装情况的影响。

组成刀具静止参考系的参考平面有：

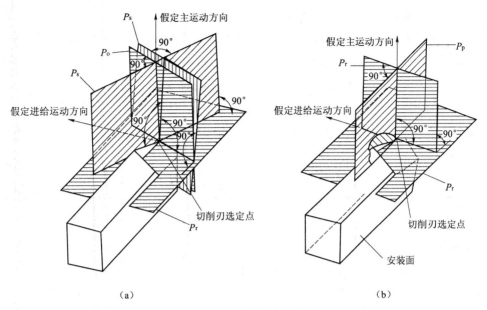

（a）　　　　　　　　　　　　　　（b）

图 2.1 −3　刀具静止参考系

（1）基面 P_r。

基面是通过主切削刃上某一选定点，垂直于该点主运动方向的平面。车刀的基面平行于刀具底平面。

（2）切削平面 P_s。

切削平面是通过主切削刃上某一选定点，与主切削刃相切且垂直于基面的平面。

（3）正交平面 P_o。

正交平面是通过切削刃上的选定点并同时垂直于基面和切削平面的平面。因此，它必须垂直于切削刃在基面上的投影。

（4）法平面 P_n。

法平面是通过切削刃选定点并垂直于切削刃的平面。

（5）假定工作平面 P_f。

通过切削刃选定点并垂直于基面，而且平行或垂直于刀具在制造、刃磨及测量时适合于安装或定位的一个平面或轴线。一般来说，其方位要平行于假定的进给运动方向。

（6）背平面 P_p。

通过切削刃选定点并垂直于基面和假定工作平面的平面。

3）刀具的标注角度（见图 2.1 −4）

（1）正交平面参考系内的刀具角度。

① 主偏角 k_r：在基面 P_r 上，主切削平面（即主切削刃选定点处的切削平面）与假定工作平面之间的夹角，它总是正值。

② 前角 γ_o：在主切削刃上选定点的正交平面 P_o

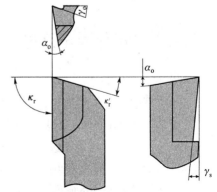

图 2.1 −4　刀具的标注角度

内，前面与基面间的夹角。其正、负规定见表2.1-1。

③ 后角 α_o：在同一正交平面内，后面与切削平面间的夹角。其正负规定见表2.1-1。

④ 刃倾角 λ_s：在主切削平面 P_s 内，主切削刃与基面间的夹角。其正负规定见表2.1-1。

表2.1-1 90°外圆车刀各角度参数

角度 刀具	前角 γ_o/（°）	主后角 α_o/（°）	副后角 α_o'/（°）	主偏角 k_r/（°）	副偏角 κ_r'/（°）	刃倾角 λ_s/（°）	刀尖半径 r/mm
粗车刀	0~10	6~8	1~3	90~93	6~8	0~3	0.5~1
精车刀	15~20	6~8	1~3	90~93	2~6	3~8	0.1~0.3

4）刀具的工作角度

若考虑实际进给运动和安装情况的影响，刀具角度的参考系将发生变化，其工作角度就不同于标注角度。在某些情况下，进给运动和刀具安装对工作角度产生的影响是不能忽略的。

（1）刀具安装高低对工作角度的影响。

如图2.1-5所示，当刀尖高于工件中心，加工外圆时，工作前角增大，工作后角减小；加工内孔与加工外圆相反。

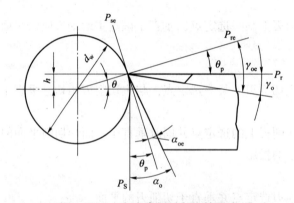

图2.1-5 刀尖高低对角度的影响

（2）刀具轴线与进给方向不垂直时主要对主、副偏角的工作角度有影响，因而会影响工件端面垂直度、刀具耐用度和表面粗糙度。

2.1.3 90°外圆车刀刃磨练习

1. 实训目的

（1）合理组织工作位置，注意刀具刃磨操作姿势，养成良好的操作习惯；

（2）掌握90°外圆车刀的基本参数；

（3）根据刀具材料合理选用砂轮片；

（4）熟知90°外圆车刀刃磨的基本要领和要求；

（5）熟练掌握90°外圆车刀的刃磨和砂轮机使用技巧；

（6）熟练使用量具检测刀具角度。

2．实训要求

（1）严格遵守砂轮机使用规范，开机前应认真检查砂轮片是否完整或开裂；

（2）严格按照刀具刃磨的操作规程进行操作，防止人身、设备事故的发生；

（3）粗磨，经教师检查后方可进行精磨；

（4）测量方法得当。

3．砂轮的选择

砂轮的特性由磨料、粒度、硬度、结合剂和组织 5 个因素决定。

（1）磨料：常用的磨料有氧化物系、碳化物系和高硬磨料系 3 种。常用的是氧化铝砂轮和碳化硅砂轮。氧化铝砂轮磨粒硬度低（HV2000～HV2400）、韧性大，适用刃磨高速钢车刀，其中白色的叫作白刚玉，灰褐色的叫作棕刚玉。

碳化硅砂轮的磨粒硬度比氧化铝砂轮的磨粒高（HV2800 以上），性脆而锋利，并且具有良好的导热性和导电性，适用刃磨硬质合金。其中常用的是黑色和绿色的碳化硅砂轮。而绿色的碳化硅砂轮更适合刃磨硬质合金车刀。

（2）粒度：粒度表示磨粒大小的程度，以磨粒能通过每英寸长度上多少个孔眼的数字作为表示符号。例如 60 粒度是指磨粒钢可通过每英寸长度上有 60 个孔眼的筛网。因此，数字越大，则表示磨粒越细。粗磨车刀应选磨粒号数小的砂轮，精磨车刀应选号数大（即磨粒细）的砂轮。

（3）硬度：砂轮的硬度是反映磨粒在磨削力作用下，从砂轮表面上脱落的难易程度。砂轮硬，即表面磨粒难以脱落；砂轮软，表示磨粒容易脱落。砂轮的软硬和磨粒的软硬是两个不同的概念，必须区分清楚。刃磨高速钢车刀和硬质合金车刀时应选软或中软的砂轮。

另外，在选择砂轮时还应考虑砂轮的结合剂和组织。

综上所述，我们应根据刀具材料正确选用砂轮。刃磨高速钢车刀时，应选用粒度为 46 号到 60 号的软或中软的氧化铝砂轮；刃磨硬质合金车刀时，应选用粒度为 60 号到 80 号的软或中软的碳化硅砂轮。两者不能搞错。

4．90°外圆车刀的刃磨步骤

刃磨时，刀具各角度参照表 2.1 -1 中所示角度刃磨，前角取 $\gamma_o = 0$，无须刃磨刃倾角。

（1）以刀具底平面为基准，观察刀体是否歪斜；

（2）粗磨前刀面；

（3）粗磨主后面及副后面；

（4）精磨前刀面并磨出前角或断屑槽，如需控制切屑流向还需刃磨刃倾角；

（5）精磨副后面；

（6）精磨副后面、主后面，保证后角正确；

（7）修磨刀尖，刃磨过渡刃，有修光刃的刃磨修光刃。

5．刃磨车刀的姿势及方法

（1）人站立在砂轮机的侧面，以防砂轮碎裂时碎片飞出伤人。

（2）两手握刀的距离放开，两肘夹紧腰部，以减小磨刀时的抖动。

（3）磨刀时，车刀要放在砂轮的水平中心，刀尖略向上翘 3°～8°，车刀接触砂轮后应

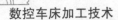

做左右方向水平移动。当车刀离开砂轮时，车刀需向上抬起，以防磨好的刀刃被砂轮碰伤。

（4）磨后刀面时，刀杆尾部向左偏过一个主偏角的角度；磨副后刀面时，刀杆尾部向右偏过一个副偏角的角度，如图2.1-6所示。

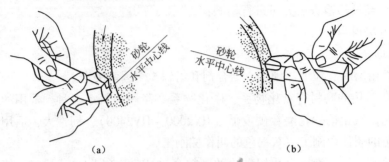

（a）　　　　　　　　　　　　（b）

图2.1-6　粗磨主后角和副后角

（a）粗磨主后角；（b）粗磨副后角

（5）修磨刀尖圆弧时，通常以左手握车刀前端为支点，用右手转动车刀的尾部。

6.安全知识

（1）刃磨刀具前，应首先检查砂轮有无裂纹、砂轮轴螺母是否拧紧，并经试转后使用，以免砂轮碎裂或飞出伤人。

（2）刃磨刀具不能用力过大，否则会使手打滑而触及砂轮面，造成工伤事故。

（3）磨刀时应戴防护眼镜，以免砂砾或铁屑飞入眼中。

（4）磨刀时不要正对砂轮的旋转方向站立，以防发生意外。

（5）磨小刀头时，必须把小刀头装入刀杆上。

（6）砂轮支架与砂轮的间隙不得大于3 mm，如发现过大，应调整适当。

2.2　切断（切槽）刀刃磨

1.实训目的

（1）合理组织工作位置，注意切断刀刃磨操作姿势，养成良好的操作习惯；

（2）掌握切断（切槽）刀的基本参数；

（3）根据刀具材料合理选用砂轮片；

（4）熟知切断（切槽）刀刃磨的基本要领和要求；

（5）熟练掌握切断（切槽）刀的刃磨及砂轮机使用技巧；

（6）熟练使用量具检测刀具角度。

2.实训要求

（1）严格遵守砂轮机使用规范，开机前应认真检查砂轮片是否完整或开裂；

（2）严格按照刀具刃磨的操作规程进行操作，防止人身、设备事故的发生；

（3）粗磨，经教师检查后方可进行精磨；

（4）测量方法得当。

3. 切断刀（切槽）刀基本参数

1）切断（切槽）刀基本刀角度

切断（切槽）刀刃磨的几何角度参数如图 2.2 – 1 所示。前角 $\gamma_o = 5° \sim 20°$；主后角 $\alpha_o = 6° \sim 8°$，两个副后角 $\alpha_1 = 1° \sim 3°$；主偏角 $k_r = 90°$，副偏角 $k_r' = 1° \sim 1.5°$；卷屑槽深 $h = 0.75 \sim 1.5$ mm。

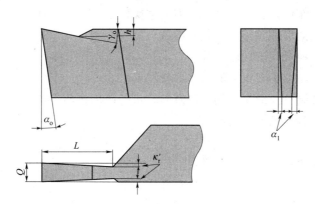

图 2.2 – 1　切断（切槽）刀刃磨的几何角度参数

2）切断（切槽）刀刃磨基本要求

（1）切断（切槽）刀的卷屑槽不宜磨得太深，一般为 0.75 ~ 1.5 mm。

（2）刃磨切断（切槽）刀两侧负后角时，应以车刀的底面为基准。

（3）刀具的主切削刃与两侧的副切削刃之间应对称平直。刃磨副偏角时要防止副偏角太大、副切削刃不直、车刀单侧磨得太多等情况出现。

（4）高速钢车刀刃磨时，应注意随时冷却，以防止刀具退火。刃磨硬质合金刀具时，不能在水中冷却，以防止刀片碎裂。

4. 切断（切槽）刀刃磨步骤

（1）以刀具底平面为基准，观察刀体或加强筋是否歪斜。

（2）粗磨前刀面。

（3）粗磨主后面及两个副后面。

（4）精磨前刀面并磨出前角。

（5）精磨副后面、主后面，保证后角正确、两侧副后角相等。

（6）修磨刀尖，增强刀尖强度。

（7）若加工端面沟槽，刀具的一侧副后面应磨成圆弧形，以防止刀具与槽壁产生摩擦。

5. 安全知识

（1）刃磨刀具前，应首先检查砂轮有无裂纹、砂轮轴螺母是否拧紧，并经试转后使用，以免砂轮碎裂或飞出伤人。

（2）刃磨刀具不能用力过大，否则会使手打滑而触及砂轮面，造成工伤事故。

（3）刃磨刀具时应戴防护眼镜，以免砂砾和铁屑飞入眼中。

（4）刃磨刀具时不要正对砂轮的旋转方向站立，以防发生意外。

（5）磨小刀头时，必须把小刀头装入刀杆上。

（6）砂轮支架与砂轮的间隙不得大于 3 mm，如发现过大，应调整适当。

2.3 三角形螺纹车刀刃磨

1. 实训目的

(1) 合理组织工作位置，注意螺纹车刀刃磨操作姿势，养成良好的操作习惯。

(2) 掌握公制三角形螺纹车刀的基本参数。

(3) 根据刀具材料合理选用砂轮片。

(4) 熟知公制三角形车刀刃磨的基本要领和要求。

(5) 熟练掌握公制三角形车刀的刃磨及砂轮机的使用技巧。

(6) 熟练使用量具检测刀具角度。

2. 实训要求

(1) 严格遵守砂轮机使用规范，开机前应认真检查砂轮片是否完整或开裂。

(2) 严格按照刀具刃磨的操作规程进行操作，防止人身、设备事故的发生。

(3) 粗磨，经教师检查后方可进行精磨。

(4) 测量方法得当。

3. 公制三角形螺纹车刀的刀具角度

1) 公制高速钢外螺纹车刀

公制高速钢三角形外螺纹刀刀具角度参数如图 2.3 – 1 所示。

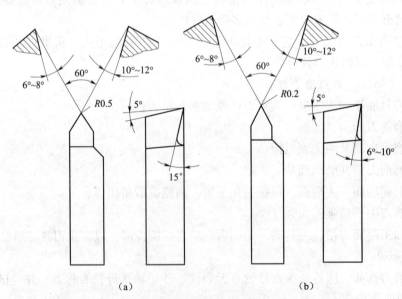

图 2.3 – 1 公制高速钢三角形外螺纹刀刀具角度参数

(a) 粗车刀；(b) 精车刀

2) 硬质合金外螺纹车刀

公制硬质合金三角形外螺纹刀刀具角度参数如图 2.3 – 2 所示。

在高速切削螺纹时，牙型角会扩大，所以刀尖角要适当减小 30′，即 $\varepsilon_r = 59°30′$。

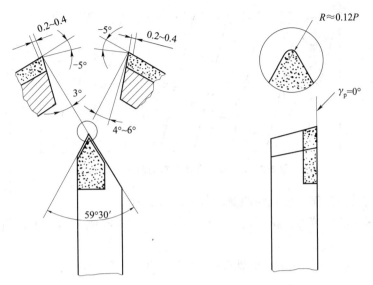

图 2.3 - 2　公制硬质合金三角形外螺纹刀刀具角度参数

3）螺纹升角对车刀角度的影响

（1）螺纹升角 ψ 对车刀两侧刃后角的影响。

由于螺纹升角的影响，将引起切削平面位置的变化，从而使车刀工作时后角与车刀静止时后角的数值不相同。

① 车刀工作时两侧后角 $\alpha_{\text{工作}} = 3° \sim 5°$；

② 车刀静止时两侧后角 $\alpha_{\text{oL}} = （3° \sim 5°）+ \psi$，$\alpha_{\text{oR}} = （3° \sim 5°）- \psi$。

螺纹升角 ψ 越大，对车刀后角的影响也越大。这种影响会在车削梯形螺纹或螺距较大的螺纹时反映的更加明显，如图 2.3 - 3 所示。

（2）螺纹升角 ψ 对车刀两侧前角的影响。

由于螺纹升角的影响，使车刀前刀面在截面上的投影与基面不重合，从而使车刀轴向装刀时前角的数值不相同，即左侧为正、右侧为负。

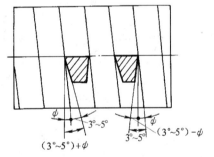

图 2.3 - 3　螺纹升角对车刀后角的影响

车削右旋螺纹时：

① 左刀刃在工作时是正前角，切削刃比较锋利，切削顺利；

② 右刀刃在工作时是负前角，切削刃处于挤刮状态，不仅切削费力，且排屑也困难。

为了改善上述状况，我们可以采取以下措施：

① 采用图 2.3 - 4 中ⓑ所示的方法，即采用法向装刀法安装车刀，将车刀两侧切削刃组成的平面垂直于螺旋线装夹，这时两侧刀刃的工作前角都为 0；

② 在前刀面上沿两侧切削刃上磨有较大的卷屑槽（图 2.3 - 4 中ⓒ、ⓓ），使切削顺利，并有利于排屑。

采用轴向装刀，能保证精车后螺纹牙型的准确性。

① 车刀轴向装刀工作时两侧前角 $\gamma_{\text{工作L}} = - \gamma_{\text{工作R}} \neq 0$；

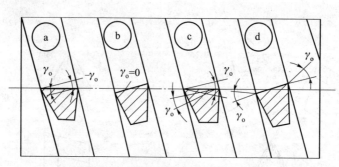

图 2.3 - 4 螺纹升角对车刀前角的影响

② 车刀法向装刀工作、静止时两侧前角 $\gamma_{oL} = \gamma_{oR} = 0$。

③ 粗车时采用法向装刀，精车时采用轴向装刀。这样既能顺利地进行粗车，又能保证精车后螺纹牙型的准确性。

（3）径向前角 γ_p 对车削螺纹牙型的影响如图 2.3 - 5 所示。

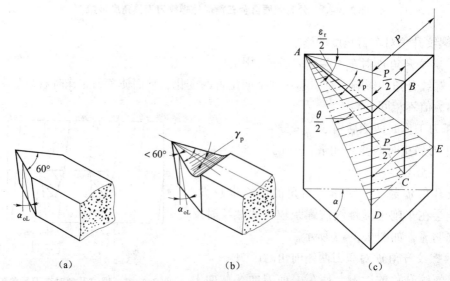

图 2.3 - 5 径向前角对螺纹牙型的影响

由于螺纹车刀两侧切削刃不与工件轴向重合，刀刃不通过工件轴心线，使得车出工件的螺纹牙型角 α 大于车刀的刀尖角 ε_r，因此，被切削的螺纹牙型在轴向剖面内不是直线，而是曲线，会影响螺纹副的配合质量。径向前角 γ_p 越大，牙型角的误差也越大。若车削精度要求不高的螺纹，其车刀允许磨有较大的径向前角（5° ~ 15°），但必须对车刀两刃夹角 ε_r 进行修正。

（4）用样板检验刀尖角。

用计算方法或通过查表，虽然可以得到比较正确的修正后的刀尖角度，但在现场工作中还是比较麻烦。我们可以用一种厚度较厚的特制螺纹样板（样板的角度等于牙型角）来测量刀尖角，如图 2.3 - 6 所示。

测量时应注意，刀尖角是在基面内测得的，测量时应使样板与车刀底平面平行，再用透光法检查，如图 2.3 - 6（c）所示。

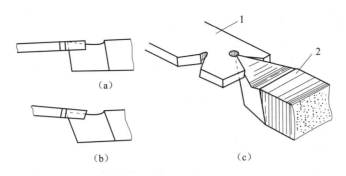

图 2.3 – 6　用样板修正两刃夹角

（a）正确；（b）错误；（c）测量示意

1—样板；2—螺纹车刀

4．*螺纹车刀刃磨步骤*

（1）以刀具底平面为基准，观察刀体是否歪斜；

（2）粗磨前刀面；

（3）粗磨主后面及副后面；

（4）精磨前刀面并磨出前角；

（5）精磨主后面、副后面，保证刀尖角及后角正确；

（6）修磨刀尖。

若加工端面螺纹，刀具的一侧副后面应磨成圆弧形，以防止刀具与槽壁产生摩擦；内螺纹车刀应根据孔径选择，其刀体的径向尺寸应比螺纹孔径小 3 ~ 5 mm。

5．*安全知识*

（1）刃磨刀具前，应首先检查砂轮有无裂纹、砂轮轴螺母是否拧紧，并经试转后使用，以免砂轮碎裂或飞出伤人。

（2）刃磨刀具不能用力过大，否则会使手打滑而触及砂轮面，造成工伤事故。

（3）刃磨刀具时应戴防护眼镜，以免砂砾和铁屑飞入眼中。

（4）刃磨刀具时不要正对砂轮的旋转方向站立，以防发生意外。

（5）磨小刀头时，必须把小刀头装到刀杆上。

（6）砂轮支架与砂轮的间隙不得大于 3 mm，如发现过大，应调整适当。

2.4　刀　具　磨　损

1．*刀具磨损的形态及其原因*

切削金属时，刀具一方面切下切屑，另一方面本身也要发生损坏。刀具损坏的形式主要有磨损和破损两类。前者是连续的逐渐磨损，属正常磨损；后者包括脆性破损（如崩刃、碎断、剥落、裂纹破损等）和塑性破损两种，属非正常磨损。

刀具磨损后会使工件加工精度降低、表面粗糙度增大，并导致切削力加大、切削温度升高，甚至产生振动，不能继续正常切削。因此，刀具磨损会直接影响加工效率、质量和成本。

刀具正常磨损的形式有以下几种：

1）前刀面磨损

在切削速度较高、切削厚度较大的情况下，切削高熔点塑性金属材料时，易产生前刀面磨损，磨损量用月牙洼的深度 KT 表示，如图 2.4－1（a）所示。

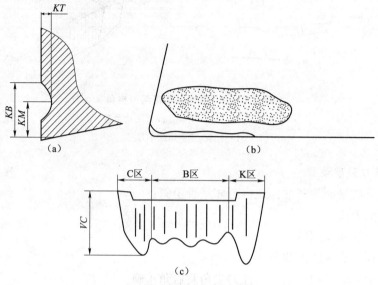

图 2.4－1　刀具磨损形式

2）后刀面磨损

在切削速度较低、切削厚度较小的情况下，会产生后刀面磨损，如图 2.4－1（b）所示，刀尖和靠近工件外皮两处的磨损严重，中间部分磨损比较均匀，如图 2.4－1（c）所示。

3）边界磨损（前、后刀面同时磨损）

在中等切削速度和进给量的情况下，切削塑性金属材料时，经常发生前、后刀面同时磨损。

从对温度的依赖程度来看，刀具正常磨损的原因主要是机械磨损和热、化学磨损。机械磨损是由工件材料中硬质点的刻划作用引起的，热、化学磨损则是由黏结（刀具与工件材料接触到原子间距离时产生的结合现象）、扩散（刀具与工件两摩擦面的化学元素互相向对方扩散、腐蚀）等引起的。

（1）磨粒磨损。

在切削过程中，刀具上经常被一些硬质点刻出深浅不一的沟痕。磨粒磨损对高速钢作用较明显。

（2）黏结磨损。

刀具与工件材料接触到原子间距离时产生的结合现象，称为黏结。黏结磨损就是由于接触面滑动在黏结处产生剪切破坏造成的。低、中速切削时，黏结磨损是硬质合金刀具的主要磨损原因。

（3）扩散磨损。

切削时在高温作用下，接触面间分子活动能量大，造成了合金元素相互扩散置换，使刀具材料机械性能降低，若再经摩擦作用，刀具容易被磨损。扩散磨损是一种化学性质的磨损。

（4）相变磨损。

当刀具上最高温度超过材料相变温度时，刀具表面金相组织发生变化。如马氏体组织转变为奥氏体，使硬度下降，磨损加剧。因此，工具钢刀具在高温时均用此类磨损。

（5）氧化磨损。

氧化磨损是一种化学性质的磨损。

刀具磨损是由机械摩擦和热效应两方面因素作用造成的。

（1）在低、中速范围内，磨粒磨损和黏结磨损是刀具磨损的主要原因。通常拉削、铰孔和攻丝加工时的刀具磨损主要属于这类磨损。

（2）在中等以上切削速度加工时，热效应使高速钢刀具产生相变磨损，使硬质合金刀具产生黏结、扩散和氧化磨损。

2. 刀具磨损过程、磨钝标准及刀具寿命

1）刀具磨损过程

随着切削时间的延长，刀具磨损增加。根据切削实验，可得图 2.4 - 2 所示的刀具正常磨损过程的典型磨损曲线。该图分别以切削时间和后刀面磨损量 VB（或前刀面月牙洼磨损深度 KT）为横、纵坐标。从图 2.4 - 2 中可知，刀具磨损过程可分为三个阶段：

（1）初期磨损阶段（OA）。因表面粗糙不平、主后刀面与过渡表面接触面积小，压应力集中于刀具刃口，导致磨损速率大。

（2）正常磨损阶段（AB）。粗糙表面被磨平，压应力减小。

（3）急剧磨损阶段（BC）。磨损量 VB 达到一定限度后，摩擦力增大，切削力和切削温度急剧上升，导致刀具迅速磨损而失去切削能力。

2）刀具磨钝标准

刀具磨损到一定限度就不能继续使用，这个磨损限度称为磨钝标准。规定以后刀面上均匀磨损区的高度 VB 值作为刀具的磨钝标准，如图 2.4 - 3 所示。

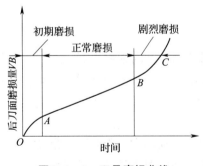

图 2.4 - 2　刀具磨损曲线

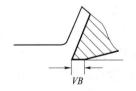

图 2.4 - 3　刀具磨损值 VB

3）刀具的耐用度（刀具寿命）

一把新刀（或重新刃磨过的刀具）从开始切削至磨损量达到磨钝标准为止所经历的实际切削时间，称为刀具的耐用度，用 T 表示，又称为刀具寿命。

3. 刀具的破损

刀具破损和刀具磨损一样，也是刀具失效的一种形式。刀具在一定的切削条件下使用时，如果它经受不住强大的应力（切削力或热应力），就可能发生突然损坏，使刀具提前失去切削能力，这种情况就称为刀具破损。破损是相对于磨损而言的。从某种意义上讲，破损可认为是一种非正常的磨损。刀具的破损有早期和后期（加工到一定的时间后的破损）两种，其破损的形式分脆性破损和塑性破损两种。硬质合金和陶瓷刀具在切削时，在机械和热冲击作用下，经常发生脆性破损。脆性破损又分为崩刀、碎断、剥落和裂纹破损。

4. 刀具寿命（刀具耐用度）的选择原则

切削用量与刀具寿命有密切关系。在制定切削用量时，应首先选择合理的刀具寿命，而合理的刀具寿命则应根据优化的目标而定。一般分最高生产率刀具寿命和最低成本刀具寿命两种，前者根据单件工时最少的目标确定，后者根据工序成本最低的目标确定。

比较最高生产率耐用度 T_p 与最低生产成本耐用度 T_c 可知：$T_c > T_p$。生产中常根据最低成本来确定耐用度，但有时需完成紧急任务或提高生产率且对成本影响不大的情况下，也选用最高生产率耐用度。刀具耐用度的具体数值可参考有关资料或手册选用。

选择刀具寿命时可考虑以下几点：

（1）根据刀具复杂程度、制造和磨刀成本来选择。复杂和精度高的刀具寿命应选得比单刃刀具高些。

（2）对于机夹可转位刀具，由于换刀时间短，为了充分发挥其切削性能、提高生产效率，刀具寿命可选得低些。

（3）对于装刀、换刀和调刀比较复杂的多刀机床、组合机床与自动化加工刀具，刀具寿命应选得高些，尤其应保证刀具可靠性。

（4）当车间内某一工序的生产率限制了整个车间的生产率提高时，该工序的刀具寿命要选得低些；当某工序单位时间内所分担到的全厂开支 M 较大时，刀具寿命也应选得低些。

（5）大件精加工时，为保证至少完成一次走刀，避免切削时中途换刀，刀具寿命应按零件精度和表面粗糙度来确定。

5. 影响刀具耐用度（T）的因素

1）切削用量

切削用量对刀具耐用度 T 的影响规律如同对切削温度的影响。

切削速度 v_c、背吃刀量（切削深度）a_p、进给量增大，使切削温度提高，刀具耐用度 T 下降。其中 v_c 影响最大，进给量 f 其次，a_p 影响最小。

2）工件材料

（1）硬度或强度提高，使切削温度提高，刀具磨损加大，刀具耐用度 T 下降。

（2）工件材料的延伸率越大或导热系数越小，切削温度越高，刀具耐用度 T 下降。

3）刀具几何角度

（1）前角对刀具耐用度的影响呈"驼峰形"。

（2）主偏角 k_r 减小时，使切削宽度 b_D 增大，散热条件改善，故切削温度下降，刀具耐用度 T 提高。

4）刀具材料

刀具材料的高温硬度越高越耐磨，刀具耐用度 T 越高。

加工材料的延伸率越大或导热系数越小，均能使切削温度升高，从而使刀具耐用度 T 降低。

重 点 提 示

（1）刃磨刀具前，应首先检查砂轮有无裂纹、砂轮轴螺母是否拧紧，并经试转后使用，以免砂轮碎裂或飞出伤人。

（2）刃磨刀具不能用力过大，否则会使手打滑而触及砂轮面，造成工伤事故。

（3）刃磨刀具时应戴防护眼镜，以免砂砾和铁屑飞入眼中。

（4）刃磨刀具时不要正对砂轮的旋转方向站立，以防意外。

（5）不得两人同时使用同一砂轮片刃磨。

（6）精磨时，用力要适度。

《数控车床加工技术》实训报告单

实训项目＿＿＿＿＿＿＿＿＿＿＿＿＿＿＿　成绩＿＿＿＿＿＿

班级＿＿＿＿　学号＿＿＿＿　姓名＿＿＿＿　机床型号＿＿＿＿

一、实训目的与要求

二、实训内容简述

三、实训报告内容

1. 刀具刃磨中出现的问题或难点：

2. 解决问题的方法：

四、学习体会

思考 与 练习

1. 刀具材料的基本要求有哪些？
2. 简述常用刀具材料的基本特性。
3. 简述刀具切削部分的组成。
4. 刀具刃磨时砂轮选择的基本原则是什么？
5. 刀具磨损的形式有哪些？
6. 注意观察刀具刃磨过程中，不同材料所显示的火花形状，分析材料材质。

第3章　固定循环指令的应用

数控加工是按照零件加工程序对零件毛坯进行加工的。一个好的加工程序不仅能加工出符合零件图样要求的工件，还应能充分发挥数控机床的性能，使其安全、可靠、高效地运行。车削加工零件的毛坯多为棒料，因此，毛坯的切除加工便占据了程序的绝大部分。设法简化粗加工的编程，便可大大减小加工程序量。数控系统提供了车削固定循环、子程序、粗加工复合循环等指令，用以简化程序编制。

本章主要介绍以下几方面内容：

（1）零件加工程序的优化。

（2）刀具半径补偿功能。

（3）固定循环加工指令应用。

通过本章的学习，掌握零件加工程序的评价和优化、刀具半径补偿功能运用方法，熟练运用数控车床固定循环功能完成零件加工。

3.1　数控车削加工程序编制

3.1.1　零件加工程序的评价

目前工厂中，数控车削加工零件程序的编制，很多情况下是由工艺员编制，或者按照工艺员确定的零件加工工艺，由操作者在车间进行编程。不论以何种形式编制零件加工程序，一个零件的加工程序绝对不是唯一的，编程或操作人员应有程序优化意识，在诸多方案中择优选用。

数控加工程序方案可从以下几个方面进行评价：

（1）程序编制正确，加工的零件质量稳定。

数控加工程序的编制应保证工件坐标原点设置、数值点计算、刀具补偿数据等正确，要便于操作者对刀、测量。如果因程序加工顺序的安排有误，削弱了工艺系统刚性或破坏了工艺、检测基准，都将影响零件加工质量。

（2）程序的调试和修改方便、可读性好。

程序要分段，适当增加注释，增强可读性。若程序再次使用时尽量少修改或不修改，以减少出错概率。

（3）程序的稳定性好。

当刀具或工件安装位置发生变化时，不需要改变程序。

（4）充分发挥系统功能，使程序简化，程序量小。

数控系统提供了简化编程指令，如固定循环指令 G80/G81、复合循环指令 G71/G72/G73 等，编程时应尽量选用，以简化程序。

（5）程序的通用性好。

如果有系列零件，则只需编制一种零件加工程序，其余的零件可修改关键尺寸，程序仍然可用。

（6）编制、运行成本要低。

为编制某一程序所花费的人工费和机器费用低，应根据零件图样要求选择合适的机床。

（7）总成本低。

如果用一台车（铣）削中心可完成车、铣加工，就应在同一台机床完成，以减少辅助时间和机床运行成本。

3.1.2　加工路线的确定

在数控机床加工过程中，每道工序加工路线的确定都非常重要，因为它与工件的加工精度和表面粗糙度直接相关。

在数控加工中，刀位点相对于零件运动的轨迹称为加工路线。编程时加工路线的确定原则主要有以下几点：

（1）加工路线应保证被加工零件的精度和表面粗糙度，且切削效率较高；

（2）应使数值计算简便，以减少编程工作量；

（3）应使加工路线最短，这样既可减少程序段，又可减少空刀时间；

（4）加工路线还应根据工件的加工余量和机床、刀具的刚度等具体情况确定。

确定进给路线的工作重点，主要在于确定粗加工及空行程的进给路线，因精加工切削过程的进给路线基本上都是沿零件轮廓顺序进行的。加工路线泛指刀具从对刀点开始运动起，直至返回该点并结束的加工过程的执行时间，包括切削加工的路径及刀具引入、切出等非切削空行程。

实现最短的进给路线，除了靠大量的实践经验外，还应善于分析，必要时可辅以一些简单的计算。最短空行程路线的设计思路如下。

① 巧用对刀点。图 3.1-1（a）所示为采用矩形循环方式进行粗车的一般情况示例。其起刀点 A 的设定是考虑到精车加工过程中方便换刀，故设置在离坯料较远的位置处，同时将起刀点与其对刀点重合在一起。按三刀粗车的走刀路线安排如下：

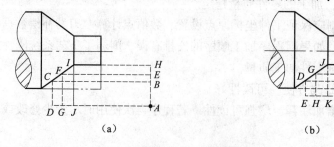

（a）　　　　　　　　　（b）

图 3.1-1　巧用起刀点

（a）起刀点与对刀点重合；（b）起刀点与对刀点分离

第一刀为 $A \to B \to C \to D \to A$；

第二刀为 $A \to E \to F \to G \to A$；

第三刀为 $A \to H \to I \to J \to A$。

图 3.1 – 1（b）则是将起刀点与对刀点分离，并设于图示 B 点位置，仍按相同的切削用量进行三刀粗车，其走刀路线安排如下：

起刀点与对刀点分离的空行程为 $A \to B$；

第一刀为 $B \to C \to D \to E \to B$；

第二刀为 $B \to F \to G \to H \to B$；

第三刀为 $B \to I \to J \to K \to B$。

显然，图 3.1 – 1（b）所示的走刀路线短。

② 巧设换刀点。为了考虑换（转）刀的方便和安全，有时将换（转）刀点也设置在离坯料较远的位置处（如图 3.1 – 1 中 A 点）。那么，当换第二把刀后，进行精车时的空行程路线必然也较长，如果将第二把刀的换刀点也设置在图 3.1 – 1（b）中的 B 点位置，则可缩短空行程距离。

③ 合理安排"回零"路线。在手工编制较复杂轮廓的加工程序时，为使其计算过程尽量简化，既不易出错，又便于校核，编程者（特别是初学者）有时将每一刀加工完后的刀具终点通过执行"回零"指令，使其全都返回到对刀点位置，然后再进行后续程序。这样会增加走刀路线的距离，从而大大降低生产效率。因此，在合理安排"回零"路线时，应使其前一刀终点与后一刀起点间的距离尽量减短，或者为零，即可满足走刀路线为最短的要求。

3.1.3　加工余量的确定

加工余量是指加工过程中所切除的金属层厚度。加工余量有工序余量和加工总余量之分。工序余量是相邻两工序的工序尺寸之差；加工总余量是毛坯尺寸与零件图的设计尺寸之差，它等于各工序余量之和，即

$$Z_{\Sigma} = \sum_{i=1}^{n} Z_i$$

式中，Z_{Σ}——加工总余量；

Z_i——第 i 道工序余量；

n——工序数量

由于工序尺寸有公差，实际切除的余量是一个变化的数值，因此，工序余量又分为基本余量（公称余量）、最大工序余量和最小工序余量。

确定加工余量的方法有以下几种：

1. 经验估算法

此法是凭借编程人员的实践经验估计加工余量，为避免因余量不足而产生废品，所估算的余量一般偏大，仅用于单件小批量生产。

2. 查表修正法

确定加工余量时，可先从手册中查得所需数据，然后再结合工厂的实际情况进行适当的

修正。这种方法目前应用最广。

3．分析计算法

此法是根据上述的加工余量计算公式和一定量的试验资料，对影响加工余量的各项因素进行综合分析和计算来确定加工余量的一种方法。用这种方法确定的加工余量比较经济合理，但必须有比较全面和可靠的试验资料。目前，只有在材料十分贵重，以及军工生产或少数大量生产的工厂中采用此法。

在确定加工余量时，总加工余量和工序加工余量要分别确定。总加工余量的大小与所选择的毛坯制造精度有关。

工序间加工余量的选择应遵循以下原则：

（1）应采用最小加工余量原则，以求缩短加工时间、降低零件加工费用；

（2）应有充分的加工余量，特别是最后工序，加工余量应能保证达到工件图样上所规定的要求。

在选择加工余量时，还应考虑以下情况：

（1）由于零件的大小不同，切削力、内应力所引起的变形差异不同，工件越大，变形会相应增加，因此要求加工余量也要相应大一些；

（2）零件在热处理时会发生变形，因此需进行热处理的零件应适当增大加工余量；

（3）加工方法、装夹方式和工艺装备的刚性可能引起零件变形，过大的加工余量也会因切削力的增大而引起零件变形。

3.2　数控车床刀具补偿功能

在数控编程过程中，为了编程人员方便，通常将数控刀具假想成一个点，该点称为刀位点。该点在编程和加工过程中用于表示刀具的特征，也是对刀和加工的基准点。

数控程序一般是针对刀具上的某一点即刀位点，按工件轮廓尺寸编制的。车刀的刀位点一般为理想状态下的假想刀尖 O 点或刀尖圆弧圆心点（见图 3.2－1）。编程时一般不考虑刀具的长度与刀尖圆弧半径，只考虑刀位点与编程轨迹重合，但实际加工中的车刀，由于工艺或其他要求，刀尖往往不是一个理想点，而是一段圆弧。当切削加工时刀具切削点在刀尖圆弧上变动，造成实际切削点与刀位点之间的位置有偏差，故造成过切或少切。因此，实际加工过程中必须通过刀具补偿指令，促使机床根据实际使用的刀具尺寸和刀尖圆弧半径，自动调整各坐标轴的位移量，以确保该刀具加工的实际轮廓与编程轨迹完全一致。数控机床这种根据实际刀具尺寸自动改变坐标轴位置，使实际加工轮廓和编程轨迹完全一致的功能，称为

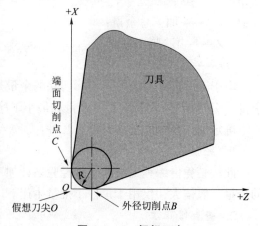

图 3.2－1　假想刀尖

刀具补偿功能。

3.2.1 刀具的偏置补偿和磨损补偿

1. 刀具的偏置补偿

设定刀架上各刀在工作位时，其刀尖位置是一致的。但由于刀具的几何形状及安装的不同，其刀尖位置是不一致的，其相对于工件原点的距离也是不同的。因此需要将各刀具的位置值进行比较或设定，称为刀具偏置补偿。刀具偏置补偿可使加工程序不随刀尖位置的不同而改变，如图 3.2－2 所示，即机床回到机床零点时，工件坐标系零点相对于刀架工作位上各刀刀尖位置的有向距离。当执行刀偏补偿时，各刀以此值设定各自的加工坐标系。如表 3.2－1 中 X 轴偏置值 －174.653、Z 轴偏置值 －656.300 即为 1 号刀具的刀具偏置值。

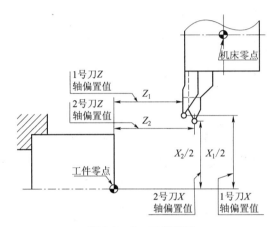

图 3.2－2 刀具偏置

表 3.2－1 刀具偏置值

刀偏号	X 偏置	Z 偏置	X 磨损	Z 磨损	试切直径	试切长度
#0001	－174.653	－656.300	－0.05	0.000	49.260	0.000
#0002	－181.356	－673.213	0.000	0.000	48.850	0.000
#0003	0.000	0.000	0.000	0.000	0.000	0.000
#0004	0.000	0.000	0.000	0.000	0.000	0.000
#0005	0.000	0.000	0.000	0.000	0.000	0.000

2. 刀具的磨损补偿

由于受工件材料、刀具材料、切削用量、冷却润滑和刀具使用寿命等条件的影响，刀具在实际加工过程中会发生磨损，从而使零件的实际尺寸和形状与图样要求产生一定的加工误差。数控机床设置了 X 和 Z 向磨损补偿，用来调整刀具磨损后产生的微量加工误差，大大减少了机床调整的时间。

如：零件加工过程中检测 1 号刀具加工直径尺寸为 $\phi 50.02$ mm，而图样要求尺寸为（$\phi 500 - 0.04$）mm，为保证零件符合图样要求，可在 "#0001" 的 X 磨损中输入 "－0.05"（见表 3.2－

1)，加工后零件实际尺寸为 ϕ49.97，符合图样要求。

若加工后测量长度有微量误差，也可采用该方法，即在对应刀具的 Z 磨损补偿表中输入误差值，来保证所加工的零件符合图样要求。

3.2.2　刀尖圆弧半径补偿

在数控编程时，我们总是将数控车床刀具的刀位点假想成一个理想状态下的点，该点即为假想刀尖，如图 3.2 – 1 所示。在数控机床加工中，建立工件坐标系（对刀）所使用的多是假想刀尖。但实际加工中使用的车刀，由于受加工工艺或其他技术要求的影响，刀尖往往不是一个理想的点，而是一段圆弧。

所谓刀尖圆弧半径是指车刀刀尖部分圆弧所构成的圆弧半径，一般的车刀都有刀尖圆弧，假想刀尖在实际加工中是不存在的。

1. 刀尖圆弧对零件加工的影响

使用带有圆弧的车刀进行零件加工时，圆弧车刀的对刀点分别为 B 点和 C 点，形成的假想刀位点为 O 点，但在实际加工过程中，刀具的切削点在刀尖圆弧上变动，从而在加工圆锥或圆弧时会造成过切或欠切现象。

（1）加工阶台或端面时，对加工表面的尺寸和形状精度影响不大，但在加工端面时，端面中心位置和阶台的清角位置会留有残留误差，如图 3.2 – 3（a）所示。

（2）加工圆锥面时，对圆锥的锥度无影响，但对圆锥面的大、小端直径影响较大，如图 3.2 – 3（b）所示。

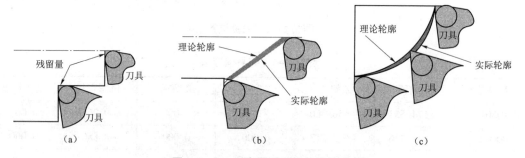

图 3.2 – 3　刀尖圆弧对零件的影响

（a）加工阶台；（b）加工圆锥面；（c）加工圆弧

（3）加工圆弧时，会对圆弧的弧度和圆弧半径产生较大的影响。加工外凸圆弧时会使加工后的圆弧半径减小，加工后的圆弧半径 = 图样轮廓半径 R – 刀尖圆弧半径 r。加工内凹圆弧时会使加工后的圆弧半径增大，加工后的圆弧半径 = 图样轮廓半径 R + 刀尖圆弧半径 r。如图 3.2 – 3（c）所示。

3.2.3　刀尖圆弧半径补偿指令（G41、G42、G40）

实际加工中，刀尖圆弧半径对零件实际轮廓的影响，可用刀尖圆弧半径补偿功能来消除。刀尖圆弧半径补偿是通过 G41、G42、G40 代码及 T 代码指定的刀尖圆弧半径补偿号，加入或取消半径补偿。

$$格式:\begin{Bmatrix} G40 \\ G41 \\ G42 \end{Bmatrix}\begin{Bmatrix} G00 \\ G01 \end{Bmatrix} X\_\_ Z\_\_$$

参数说明：

G40：取消刀尖半径补偿；

G41：左刀补（在刀具前进方向左侧补偿）；

G42：右刀补（在刀具前进方向右侧补偿）；

G00/G01　X_ Z_ ：参数，即建立刀补或取消刀补的终点。

注意：G40、G41、G42 都是模态代码，可相互注销。

（1）G41/G42 不带参数，其补偿号（代表所用刀具对应的刀尖半径补偿值）由 T 代码指定，其刀尖圆弧补偿号与刀具偏置补偿号对应。

（2）刀尖半径补偿的建立与取消只能用 G00 或 G01 指令，不能是 G02 或 G03 指令。在刀尖圆弧半径补偿寄存器中定义了刀尖半径及刀尖方位，见表 3.2 – 2。

表 3.2 – 2　刀尖半径和刀尖方位

刀补号	刀尖半径	刀尖方位
#0001	0.8	3
#0002	0.4	3
#0003	0.000	0.000
#0004	0.000	0.000
#0005	0.000	0.000
#0006	0.000	0.000

车刀刀尖方位定义了刀具刀位点与刀尖圆弧中心的位置关系，数控车床使用刀尖半径补偿进行零件加工时，如果刀具的刀尖形状和切削时的位置（即刀沿位置）不同，刀具的补偿方向也不同。根据各种刀具的刀尖形状和使用的刀尖位置不同，数控车床刀具的刀尖方位共有 0~9 十个方向，如图 3.2 – 4 所示。

在实际加工中，使用刀尖圆弧半径补偿功能必须明确给出该刀具的刀尖半径和刀尖方位，并输入机床，由程序中指定的刀具调用。如表 3.2 – 2 中刀尖半径 0.8 和刀尖方位 3 即为 01 号刀具的刀尖圆弧半径和刀尖方位号。

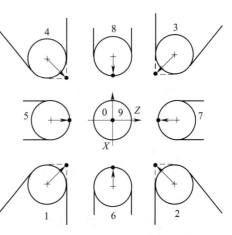

图 3.2 – 4　数控车床刀尖方位

3.3 编程实例

3.3.1 固定循环指令

1. 圆柱（锥）面内（外）径切削循环

指令格式 1：

G80 X __ Z __ F __

参数说明：

X，Z：切削终点坐标值，如图 3.3 - 1（a）中 C 点的坐标值；

F：进给速度。

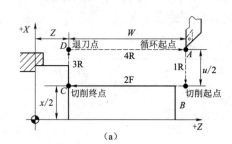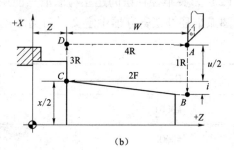

图 3.3 - 1 内（外）径切削循环指令

指令格式 2：

G80 X __ Z __ I __ F __

参数说明：

X，Z：切削终点坐标值；

F：进给速度；

I：切削起点 B 与切削终点 C 的半径差，如图 3.3 - 1（b）所示。

2. 端面车削固定循环指令

指令格式 1：

G81 X __ Z __ F __

参数说明：

X，Z：切削终点坐标值，如图 3.3 - 2（a）中 C 点的坐标值；

F：进给速度。

指令格式 2：

G81 X __ Z __ K __ F __

参数说明：

X，Z：切削终点坐标值；

F：进给速度；

K：切削起点 B 相对于切削终点 C 的 Z 向有向距离，如图 3.3 - 2（b）所示。

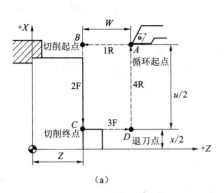 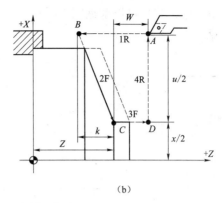

（a）　　　　　　　　　　　　　　（b）

图 3.3 - 2　端面车削固定循环指令

3. 车削固定循环指令刀具轨迹分析

用外圆加工固定循环指令 G80 加工如图 3.3 - 3 所示零件，在不考虑加工余量的情况下，刀具轨迹如图 3.3 - 3 所示，其加工程序见表 3.3 - 3。

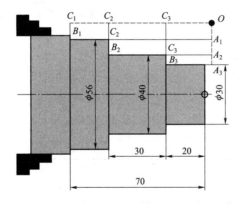

图 3.3 - 3　刀具轨迹

表 3.3 - 3　固定循环程序示例

参考程序如下：	程序注释
%0001；	程序名
⋮	
G00 X62 Z2；	定位点
G80 X56 Z - 70 F150；	路径 $A_1 - B_1 - C_1 - O$
X40 Z - 50；	路径 $A_2 - B_2 - C_2 - O$
X30 Z - 20；	路径 $A_3 - B_3 - C_3 - O$
⋮	
刀具由 O 开始，路径为 $A_1 - B_1 - C_1 - O$；$A_2 - B_2 - C_2 - O$；$A_3 - B_3 - C_3$。由图示我们可知，刀具退刀路径为 $B_1 - C_1$、$B_2 - C_2$、$B_3 - C_3$，空行程逐渐增大，对多重往复切削加工，生产效率下降。	

在编程中,我们可以根据固定循环指令刀具运行轨迹规律,适当变化循环起点,以提高效率,见表3.3-4。

表 3.3-4 固定循环优化程序示例

参考程序	程序注释
%0001;	程序名
⋮	
G00 X62 Z2;	定位点
G80 X56 Z-70 F150;	路径 $A_1 - B_1 - C_1 - O$
G00 X57;	定位点
G80 X40 Z-50;	路径 $A_2 - B_2 - C_2 - O$
G00 X41;	定位点
G80 X30 Z-20;	路径 $A_3 - B_3 - C_3 - O$
⋮	

由程序可知,刀具返回时不再经过 C_2、C_3,而是经由 C_2'、C_3' 返回,大大缩短了刀具空行程。虽然程序量略有增加,但切削效率有所提高。

通过对外圆加工固定循环指令的分析,同理可对端面车削固定循环刀具路径做适当改变,以提高加工效率。

4. 圆锥车削加工路线分析

圆锥的车削加工路线通常有两种,如图3.3-4所示,当按照图3.3-4(a)所示加工路线加工时,刀具每次切削的被吃刀量基本相等,但是编程时需要计算刀具运行的起点坐标和终点坐标。采用该种加工路线时的加工效率较高、表面质量均匀,但编程时计算量较大。

当按照图3.3-4(b)所示加工路线加工时,无须计算终点坐标,编程计算简便,但是每一次切削过程中的被吃刀量都是变化的,从而会引起工件表面质量不均,即表面粗糙度不一致。

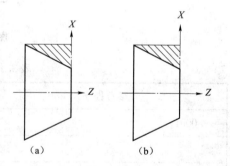

(a)   (b)

图 3.3-4 加工路线

3.3.2 车削固定循环指令应用

1. 编程实例

如图3.3-5所示零件图,编写加工程序,完成零件加工,不要求切断。材料:45#钢,$\phi 60 \, \text{mm} \times 100 \, \text{mm}$。

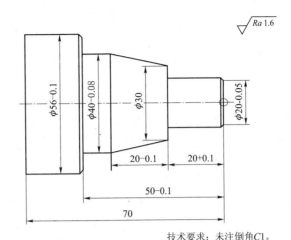

技术要求：未注倒角C1。

图 3.3-5 阶台轴

2．实训目的

（1）合理组织工作位置，注意操作姿势，养成良好的操作习惯。

（2）掌握阶台轴车削程序编制，熟练运用 G、M、S、T 指令。

（3）掌握程序的编辑、输入、校验和修改的技能。

（4）提高量具使用的技能。

（5）按图纸要求完成工件的车削加工，理解粗车与精车的概念。

3．实训要求

（1）严格按照数控车床的操作规程进行操作，防止人身、设备事故的发生。

（2）分析零件图，明确技术要求。

（3）在自动加工前应由实习指导教师检查各项调试是否正确方可进行加工。

（4）正确装夹车刀。

（5）能判断刀具是否磨损、切削参数选择是否合理。

（6）掌握阶台轴质量检查及测量方法。

4．加工实例分析

1）零件精度及加工方法分析

（1）零件加工精度分析。

该零件表面由外圆柱面、外圆锥面等表面组成，其中多个直径尺寸与轴向尺寸有较高的尺寸精度和表面粗糙度要求。零件图尺寸标注完整，符合数控加工尺寸标注要求；轮廓描述清楚完整；零件材料为 45#钢，加工切削性能较好，无热处理和硬度要求。

加工中应注意锥面加工刀具的安装，刀尖应严格对准工件回转中心，以防止锥面加工成双曲线形状。

（2）加工方法分析。

如图 3.3-5 所示零件轴向尺寸公差可通过编程中将坐标点代入公差方式处理，各外圆柱的尺寸公差因皆为负值，故可以通过修改刀具磨损值的方式控制。

2）制定加工方案、确定工艺路线

本节学习了固定循环指令，可利用内（外）圆切削循环指令粗加工该零件，各圆柱留有 0.5 mm 的精加工余量,最后精车各轮廓。

3) 编程原点的确定

根据零件图尺寸标注基准即设计基准,考虑对刀方便,将该零件工件坐标原点设在右端面与主轴中心线的交线处。

4) 数值计算

该零件涉及数值计算的是圆锥面粗加工,因加工余量较大,故需分层切削。

如图 3.3－6 所示,为减少计算,B 点坐标可根据刀具的切削能力进行估算;为防止过切,D 点的坐标应适当调整。

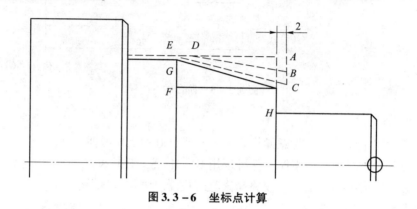

图 3.3－6 坐标点计算

C 点坐标计算:

$$FG/HF = AC/AE$$
$$5/20 = AC/22$$
$$AC = 5.5$$
$$GH = 0.25$$

则 C 点坐标为 (30.5,－18)。

5) 工件装夹、定位及刀具的选用

根据提供的零件材料,选用三爪自定心卡盘装夹,粗、精车刀选用 90° 外圆车刀。刀体及刀片如图 3.3－7 所示。

6) 确定加工参数

根据被加工表面质量要求、刀具材料和工件材料,参考切削用量手册或有关资料选取切削速度与每转进给量,然后利用公式 $v_c = \dfrac{\pi D n}{1\,000}$ 计算主轴转速与进给速度(计算过程略)。

背吃刀量的选择因粗、精加工而有所不同。粗加工时,在工艺系统刚性和机床功率允许的情况下,尽可能取较大的背吃刀量,以减少进给次数;精加工时,为保证零件表面粗糙度要求,背吃刀量一般取 0.1～0.4 mm 较为合适。(本书给出的切削参数仅供教学参考。)

7) 确定加工步骤

(1) 装夹,材料伸出长度在 72～74 mm;

(2) 粗车 $\phi56$ mm 外圆,留 0.5 mm 精加工余量;

(3) 粗车 $\phi40$ mm 外圆,留 0.5 mm 精加工余量;

93° MDJNR/L

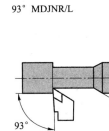

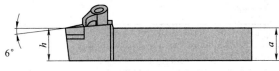

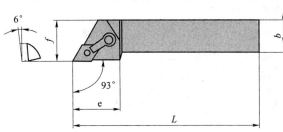

（a）

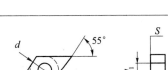

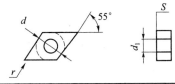

型号	mm			
	d	S	d_1	r
DN⋯110404⋯	9.525	4.76	3.81	0.4
DN⋯110408⋯	9.525	4.76	3.81	0.8

（b）

图 3.3 - 7　90°外圆车刀及 55°刀片

（a）右手刀示例；（b）55°车刀片参数示例

（4）粗车 $\phi20$ mm 外圆，留 0.5 mm 精加工余量；

（5）粗车圆锥面，留精加工余量；

（6）精车 $\phi20$ mm、圆锥面、$\phi40$ mm、$\phi56$ mm 尺寸。

5. 参考程序（见表 3.2 - 5）

表 3.2 - 5　参考程序

%0080	程序名
G00 G40 T0101	调用 1 号（粗车）刀，调用 1 号刀具偏置值和补偿值
M03 S800	主轴正转，转速 800 r/min
G00 X62 Z2	刀具定位刀循环起点
G80 X56.5 Z - 70 F160	粗车 $\phi56$ mm 圆柱面，留 0.5 mm 精加工余量
G00 X57	调整循环起点
G80 X52 Z - 49.9	粗车 $\phi40$ mm 圆柱面，留 0.5 mm 精加工余量，轴向留 0.1 mm 余量

X48	
X44	
X40. 5	
G00 X42	调整循环起点
G80 X36 Z－19.9	粗车 ϕ20 mm 圆柱面，留 0.5 mm 精加工余量，轴向留 0.1 mm 余量
X32	
X28	
X24	
X20.5	
G00 X42	调整循环起点
G80 X40.5 Z－38 I－2.5	粗车圆锥面，留精加工余量
G80 X40.5 Z－40 I－2.5	
G00 X100 Z80	返回换刀点
T0202 M03 S1200	换 2 号刀，调用 02 号刀具偏置值和半径补偿值
G00 G42 X0 Z3	快速定位，调用半径补偿
G01 Z0 F150	切削进给到端面
G01 X20 C1	加工端面、倒角
Z－20.05	精加工 ϕ20 mm 圆柱面
X30	
X40 Z－40	加工圆锥面
Z－19.05	加工 ϕ40 mm 圆柱面
G01 X56 C1	加工端面、倒角
Z－70	加工 ϕ56 mm 圆柱面
G00 X60	退刀
M05	主轴停止
M30	程序停止并返回程序起点

重点提示

（1）正确安刀、对刀，正确使用测量工具，且测量准确。

（2）程序在输入后要养成用图形模拟的习惯，以保证加工的安全性。

（3）观察切屑状态，选择并调整切削用量。

（4）要按照操作步骤逐一进行相关训练，加工过程中严禁打开安全门。

（5）尺寸及表面粗糙度达不到要求时，要找出其中原因，知道正确的操作方法及注意事项。

《数控车床加工技术》实训报告单

实训项目 _____　　成绩 _____

班级 _____　　学号 _____　　姓名 _____　　机床型号 _____

一、实训目的与要求

二、实训内容简述

三、实训报告内容

1. 加工中出现的问题或难点：

2. 解决问题的方法：

四、质量检查

序号	检测项目	评分标准	自测	检测	项目得分
1					
2					
3					
4					
5					
6					
7					
8					
9					
10					
成绩					

五、教师点评

六、学习体会

思考与练习

1. 数控加工程序优劣评价要点有哪些？
2. 简述加工路线确定的基本原则。
3. 加工余量确定的基本原则有哪些？
4. 试述刀具补偿功能及其应用场合。
5. 观察零件加工过程，从机床、切屑、零件等方面分析，说明刀具磨损时的外在表现。
6. 完成图 3.3 - 8 零件工艺设计，并编制数控加工程序。

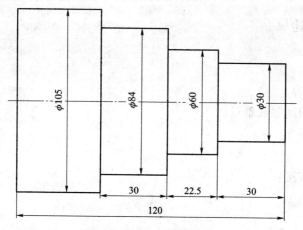

图 3.3 - 8 阶梯轴

7. 完成图 3.3 - 9 零件工艺设计，并编制数控加工程序。

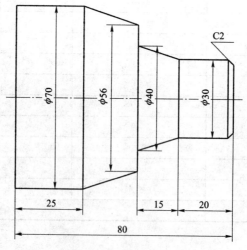

图 3.3 - 9 锥度阶梯轴

第 4 章　螺纹车削加工

各种机械产品中，带有螺纹的零件应用极为广泛，主要应用于连接、传动、紧固和测量。在车床上加工螺纹是目前最常用的加工方法之一。

本章主要介绍以下几方面内容：

（1）常用螺纹的种类、基本参数及加工方法。

（2）数控车床螺纹加工指令及应用。

（3）数控车床单线、多线螺纹加工示例。

通过本章的学习，掌握螺纹加工基础知识及单线、多线螺纹加工技巧，完成零件螺纹的部分加工。

4.1　螺纹车削加工基础

4.1.1　公制三角形螺纹

1. 螺纹的形成

如图 4.1 –1 所示，把一锐角为 ψ 的直角三角形绕到一直径为 d 的圆柱上，此时三角形底边与圆柱底边重合，则斜边 AB 就在圆柱体上形成一条空间螺旋线，边 AC 为该圆柱的周长，即 $AC = \pi d_2$，另一直角边 BC 称为螺纹的螺距。螺旋线上升的角度称为螺旋升角（Ψ）。

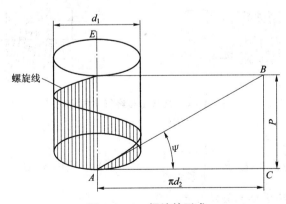

图 4.1 –1　螺纹的形成

在车床上车削螺纹，当工件旋转时，车刀沿工件轴线方向做等速移动，在外圆上形成螺旋线。经多次车削后，该螺旋线就形成了具有相同剖面的连续凸起和沟槽，称为螺纹。

2. 螺纹的类型

按牙型（见图 4.1 - 2）
$\begin{cases}
三角形螺纹（普通螺纹）\\
管螺纹——连接螺纹\\
矩形螺纹\\
梯形螺纹
\end{cases}$

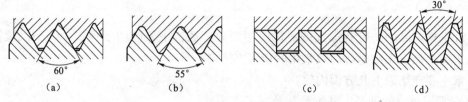

30°

60°
(a)

55°
(b)

(c)

(d)

图 4.1 - 2 按牙型分类

（a）三角形螺纹；（b）管螺纹；（c）矩形螺纹；（d）梯形螺纹

按位置（见图 4.1 - 3）
$\begin{cases}
外螺纹——在圆柱外表面形成的螺纹\\
内螺纹——在圆柱孔的内表面形成的螺纹
\end{cases}$

(a)

(b)

图 4.1 - 3 按位置分类

（a）外螺纹；（b）内螺纹

按螺旋线绕行方向（见图 4.1 - 4）
$\begin{cases}
左旋螺纹\\
右旋螺纹——常用
\end{cases}$

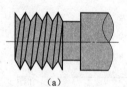
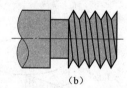

(a)

(b)

图 4.1 - 4 按螺旋线绕行方向分类

（a）左旋螺纹；（b）右旋螺纹

按螺旋线头数（见图 4.1 - 5）
$\begin{cases}
双头螺纹（n=2）\\
多线螺纹（n≥2）
\end{cases}$ 用于传动

3. 公制三角螺纹的主要参数及尺寸计算

公制三角形螺纹的主要参数如图 4.1 - 6 所示。

1）外径 d（大径）（D）

与外螺纹牙顶相重合的假想圆柱面直径，亦称公称直径。

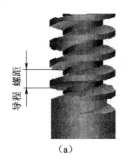 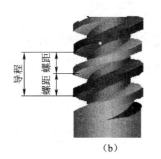

（a） （b）

图 4.1－5 按螺旋线头数分类

（a）单线螺纹；（b）多线螺纹

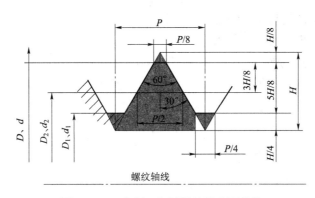

图 4.1－6 公制三角形螺纹的主要参数

2）内径 d_1（小径）（D_1）

与外螺纹牙底相重合的假想圆柱面直径，在强度计算中作危险剖面的计算直径：

$$d_1 = D_1 = d - 2\left(\frac{5}{8}H\right) = d - 1.082\,5\,P$$

$$H = \frac{P}{2}\cot\frac{\alpha}{2} = \frac{P}{2}\cot 30° = 0.866\,P$$

3）中径 d_2

在轴向剖面内牙厚与牙间宽相等处的假想圆柱面的直径，近似等于螺纹的平均直径：

$$d_2 = D_2 = d - 2\left(\frac{3}{8}H\right) = d - 0.649\,5\,P$$

4）螺距 P

相邻两牙在中径圆柱面的母线上对应两点间的轴向距离。

5）导程（L）

同一螺旋线上相邻两牙在中径圆柱面的母线上对应两点间的轴向距离。

6）线数 n

螺纹螺旋线数目，一般为便于制造，$n \leqslant 4$。螺距、导程、线数之间关系为 $L = nP$。

7）螺旋升角 ψ

在中径圆柱面上螺旋线的切线与垂直于螺旋线轴线的平面的夹角。

8）牙型角 α

螺纹轴向平面内螺纹牙型两侧边的夹角。

9）牙型斜角 β

螺纹牙型的侧边与螺纹轴线的垂直平面的夹角，对称牙型 $\beta = \alpha/2$。

在机械制造业中，三角形螺纹应用广泛，常用于连接、紧固；在工具和仪器中还往往用于调节。

三角形螺纹的特点：螺距小，一般螺纹长度较短。其基本要求是：螺纹轴向剖面牙型角必须正确，两侧面表面粗糙度小；中径尺寸符合精度要求；螺纹与工件轴线保持同轴。

4. 螺纹车刀的装夹

（1）装夹车刀时，刀尖位置应对准工件中心（可根据尾座顶尖高度检查）。

（2）车刀刀尖角的对称中心线必须与工件轴线垂直。

（3）车刀不应伸出过长，一般为 20~30 mm（刀体厚度的 1~1.5 倍）。

螺纹车刀的角度和安装：螺纹车刀的刀尖角直接决定螺纹的牙型角度（螺纹一个牙两侧之间的夹角，公制螺纹牙型角为60°），它对保证螺纹精度有很大的关系。安装螺纹车刀时，应使刀尖与工件轴线等高，否则会影响螺纹的截面形状，并且车刀刀尖角的对称中心线要与工件轴线垂直。如果车刀装得左右歪斜，车出来的牙型就会偏左或偏右。为了使车刀安装正确，可采用螺纹对刀样板对刀，如图4.1-7所示。

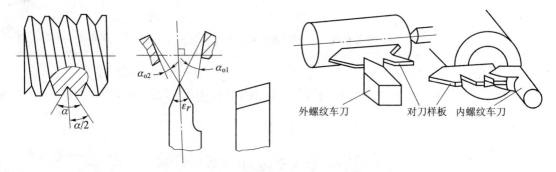

图 4.1-7 三角形螺纹车刀及对刀样板对刀

5. 螺纹的测量和检查

1）大径的测量

螺纹大径的公差较大，一般可用游标卡尺或千分尺测量。

2）螺距的测量

螺距一般可使用钢直尺或螺距规测量，如图4.1-8所示。

3）中径的测量

精度较高的三角形螺纹可用螺纹千分尺测量，所测得的千分尺读数就是该螺纹的中径实际尺寸。

4）综合测量

用螺纹环规（见图4.1-9）综合检查三角形外螺纹。首先对螺纹的外径、螺距、牙型和表面粗糙度进行检查，然后再用螺纹环规测量外螺纹的尺寸精度。如果环规通端正好旋进去，而且止端旋不进，说明螺纹精度符合要求。

图 4.1 – 8　螺距规

图 4.1 – 9　螺纹塞规、环规

4.1.2　数控车床螺纹加工控制原理

1.　电脉冲编码器的工作原理

通常说的脉冲编码器是指增量式光电脉冲编码器。如图 4.1 – 10 所示，它主要由一个透光圆盘、光栏板、光源和光电元件等组成。

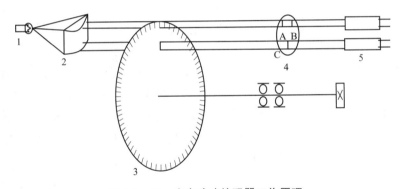

图 4.1 – 10　光电脉冲编码器工作原理

1—光源；2—聚光镜；3—透光圆盘；4—光栏板；5—光电元件

在透光圆盘上，沿圆周刻有两圈条纹，外圈等分成若干条透明与不透明的条纹，如 2 000 条，作为发送电脉冲时用；内圈仅为一条。在光栏板上，刻有 A、B、C 三条透光条纹，A 与 B 均对应透光圆盘的外圈条纹，而 C 则对应于内圈条纹。在光栏每一条纹的后面均各安装一只光敏三极管，以构成一条输出通道。

灯泡发出散射光线，经过聚光镜聚焦后成为平行光线。在透光盘与被检测轴同步旋转时，由于透光盘上的条纹与光栏上的条纹 A 与 B 或 C 时而重合时而错位，使各个光敏管接收到光线呈亮暗的变化信号，从而引起光敏管内电流的大小发生变化，变化的信号电流经整流放大电路输出矩形脉冲。

另外，光栏板上 A 和 B 条纹的距离与透光圆盘上条纹间的距离不同，它要保证当条纹 A 与透光圆盘上任一条纹重合时，条纹 B 与透光圆盘上另一条纹的重合度错位 1/4 周期 (T)，因此 A、B 两通道输出的波形相位也相差 1/4 周期。

脉冲编码器中透光圆盘内圈的一条刻线与光栏上条纹 C 重合时输出的脉冲数为同步 (起步，又称零位) 脉冲。脉冲编码器的脉冲信号经放大、整形、微分处理后，被送到计数器，这样利用脉冲的数目、频率及相位，可测出工作轴的转角、转速及转向。

2. 增量式光电脉冲编码器的应用

增量式光电脉冲编码器的测量精度不高，有累计误差存在。另外，脉冲计数的方法也易受到干扰，但由于它具有制造方便、控制线路简单、测量范围广等优点，而得到了广泛的应用。目前主要有以下几个方面的应用：

（1）作为主轴位置检测装置。

光电脉冲编码器可作为主轴位置检测装置，此时称为主轴位置编码器。这时编码器的外圈透光条纹数目为 1 024/周（P/r），经放大、整形、微分，即进行倍率处理，如 4 倍频微分，则透光条纹相当于放大 4 倍，为 4 096 脉冲/周（P/r），即每个脉冲的分辨角度为

$$\frac{360°}{4\ 096\ P} = 0.087\ 9\ (°/P)。$$

（2）作为主轴位置编码器。

① 起到了主轴转动与进给运动的联系作用。数控机床主轴的转动与进给运动之间没有机械方面的直接联系，为了加工螺纹，就要求输送给进给伺服电动机的脉冲数与主轴的转速应有相位关系，主轴脉冲发生器的 A、B 相起到了主轴转动与进给运动的联系作用。A、B 相脉冲经频率—电压变换后，得到与主轴转速成比例的电压信号，检测到的主轴运动信号一方面作为速度反馈信号，实现主轴调速的数字反馈；另一方面可以控制插补速度，用于进给运动的控制，如车螺纹。

② 作为判断主轴正、反转的信号。A、B 相位差的脉冲序列，供给微机处理，借以判断主轴的正、反转。设 A 相超前 B 相为正方向旋转，则 B 相超前 A 相就是反方向旋转。由此，利用 A 相与 B 相的相位关系可以判断编码器的旋转方向，以此来确定主轴的旋转方向。

③ 同步脉冲作为车螺纹与准停控制信号。与主轴同步的 C 相脉冲信号，它是主轴旋转一周在某一固定位置产生的信号，利用此信号数控车床可实现加工螺纹的控制，在数控车床车削螺纹时，必须保证每次走刀刀具都在工件的同一点切入，这时利用同步脉冲作为车刀进刀点和退刀点的控制信号，以保证车削螺纹不会乱牙。

4.2 编 程 实 例

4.2.1 螺纹切削指令

1. 螺纹切削指令 G32

格式：

G32 X(U)__Z(W)__R__E__P__F__

参数说明：

X、Z：为绝对编程时，有效螺纹终点在工件坐标系中的坐标；

U、W：为增量编程时，有效螺纹终点相对于螺纹切削起点的位移量。

F：螺纹导程，即主轴每转一圈，刀具相对于工件的进给值；

　　R、E：螺纹切削的退尾量，R 表示 Z 向退尾量，E 为 X 向退尾量，R 和 E 在绝对或增量编程时都是以增量方式指定，其为正表示沿 Z、X 正向回退，为负表示沿 Z、X 负向回退。使用 "R""E" 可免去退刀槽。"R""E" 可以省略，表示不用回退功能；根据螺纹标准，R 一般取 $0.75 \sim 1.75$ 倍的螺距，E 取螺纹的牙型高。

　　P：主轴基准脉冲处距离螺纹切削起始点的主轴转角。

　　使用 G32 指令能加工圆柱螺纹、锥螺纹、端面螺纹和连续螺纹切削。图 4.2 - 1 所示为锥螺纹切削时各参数的意义。

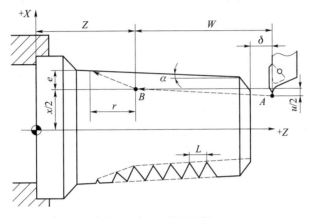

图 4.2 - 1　螺纹切削

　　连续螺纹切削功能是程序段交界处的少量脉冲输出与下一个移动程序段的脉冲处理和输出是重叠的（程序段重叠），因此，连续程序段加工时因运动中断所引起的断续加工被消除了，于是可以连续地指令螺纹切削程序段，如图 4.2 - 2 所示。

图 4.2 - 2　连续螺纹切削功能

　　因为系统的控制使得在程序段的交界处进给与主轴严格同步（无同步误差），所以能够完成那些中途改变螺距和形状的特殊螺纹的切削。

　　螺纹车削加工为成型车削，且切削进给量较大，刀具强度较差，一般要求分数次进给加工。米制螺纹切削参数参考值见表 4.2 - 1。

表 4.2 - 1　米制螺纹切削参数参考值　　　　　　　　　　　　mm

米制螺纹							
螺距	1.0	1.5	2	2.5	3	3.5	4
牙深（半径量）	0.649	0.974	1.299	1.624	1.949	2.273	2.598
切削次数及吃刀量（直径量）	1 次	0.7	0.8	0.9	1.0	1.2	1.5	1.5
	2 次	0.4	0.6	0.6	0.7	0.7	0.7	0.8
	3 次	0.2	0.4	0.6	0.6	0.6	0.6	0.6

续表

米制螺纹							
螺距	1.0	1.5	2	2.5	3	3.5	4
牙深（半径量）	0.649	0.974	1.299	1.624	1.949	2.273	2.598
切削次数及吃刀量（直径量） 4次		0.16	0.4	0.4	0.4	0.6	0.6
5次			0.1	0.4	0.4	0.4	0.4
6次				0.15	0.4	0.4	0.4
7次					0.2	0.2	0.4
8次						0.15	0.3
9次							0.2

2. 螺纹切削循环 G82

1) 直螺纹切削循环

格式：

G82 X(U)＿Z(W)＿R＿E＿C＿P＿F＿

参数说明：

X、Z：绝对值编程时，为螺纹终点 C 在工件坐标系下的坐标；增量值编程时，为螺纹终点 C 相对于循环起点 A 的有向距离，在图 4.2 – 3 中用 U、W 表示，其符号由轨迹 1 和 2 的方向确定；

R，E：螺纹切削的退尾量，R、E 均为向量，R 为 Z 向回退量，E 为 X 向回退量，"R" "E" 可以省略，表示不用回退功能；

C：螺纹头数，为 0 或 1 时切削单头螺纹；

P：单头螺纹切削时，为主轴基准脉冲处距离切削起始点的主轴转角（缺省值为 0）；多头螺纹切削时，为相邻螺纹头的切削起始点之间对应的主轴转角。

F：螺纹导程。

该指令执行图 4.2 – 3 所示 $A \rightarrow B \rightarrow C \rightarrow D \rightarrow A$ 的轨迹动作。

注意：

直螺纹切削循环同 G32 螺纹切削一样，在进给保持状态下，该循环在完成全部动作之后才停止运动。

2) 锥螺纹切削循环

格式：

G82 X＿Z＿I＿R＿E＿C＿P＿F＿

参数说明：

X、Z：绝对值编程时，为螺纹终点 C 在工件坐标系下的坐标；增量值编程时，为螺纹终点 C 相对于循环起点 A 的有向距离，在图 4.2 – 4 中用 U、W 表示；

I：螺纹起点 B 与螺纹终点 C 的半径差，其符号为差值的符号（无论是绝对值编程还是增量值编程）；

R，E：螺纹切削的退尾量，R、E 均为向量，R 为 Z 向回退量，E 为 X 向回退量，"R"

"E" 可以省略，表示不用回退功能；

C：螺纹头数，为 0 或 1 时切削单头螺纹；

P：单头螺纹切削时，为主轴基准脉冲处距离切削起始点的主轴转角（默认值为 0）；多头螺纹切削时，为相邻螺纹头的切削起始点之间对应的主轴转角；

F：螺纹导程。

该指令执行图 4.2 - 4 所示 A→B→C→D→A 的轨迹动作。

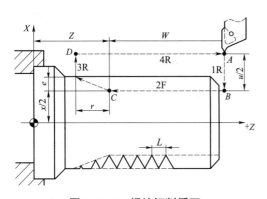

图 4.2 - 3   螺纹切削循环

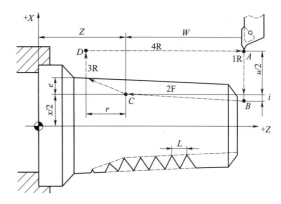

图 4.2 - 4   锥螺纹切削循环

3. 螺纹切削复合循环 G76

格式：

G76 C(c) R(r) E(e) A(a) X(x) Z(z) I(i) K(k) U(d) V(Δdmin) Q(Δd) P(p) F(L)

参数说明：

c：精整次数（1~99），为模态值；

r：螺纹 Z 向退尾长度（00~99），为模态值；

e：螺纹 X 向退尾长度（00~99），为模态值；

a：刀尖角度（二位数字），为模态值，在 80°、60°、55°、30°、29° 和 0° 六个角度中选一个；

x、z：绝对值编程时，为有效螺纹终点 C 的坐标；增量值编程时，为有效螺纹终点 C 相对于循环起点 A 的有向距离；

i：螺纹两端的半径差；如 i = 0，为直螺纹（圆柱螺纹）切削方式；

k：螺纹高度，该值由 x 轴方向上的半径值指定；

Δdmin：最小切削深度（半径值），当第 n 次切削深度小于 Δd_{min} 时，则切削深度设定为 Δd_{min}；

d：精加工余量（半径值）；

Δd：第一次切削深度（半径值）；

p：主轴基准脉冲处距离切削起始点的主轴转角；

L：螺纹导程。

螺纹切削固定循环 G76 执行如图 4.2 - 5 所示的加工轨迹，其单边切削及参数如图 4.2 - 5 所示。

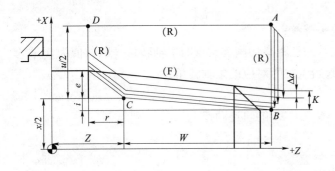 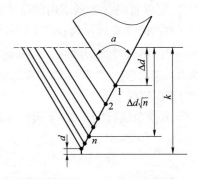

图 4.2 – 5　螺纹切削复合循环

按 G76 段中的 X(x) 和 Z(z) 指令实现循环加工，增量编程时，要注意 u 和 w 的正负号（由刀具轨迹 AC 和 CD 段的方向决定）。G76 循环进行单边切削，减小了刀尖的受力。第一次切削时切削深度为 Δd，第 n 次的切削总深度为 $\Delta d \sqrt{n}$，每次循环的背吃刀量为 $\Delta d (\sqrt{n} - \sqrt{n-1})$。在图 4.2 – 5 中，C 到 D 点的切削速度由 F 代码指定，而其他轨迹均为快速进给。

例 1： 加工如图 4.2 – 6 所示螺纹部分。

该螺纹可以用三种不同的指令进行加工（外圆及倒角程序略）。

方法一：运用 G32 指令进行加工，其参考程序见表 4.2 – 2。

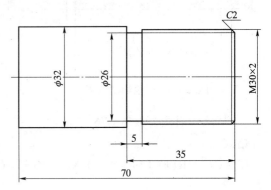

图 4.2 – 6　加工示例

表 4.2 – 2　G32 指令加工程序

程序	说明
%0001	
N01 T0101	换 1 号刀
N02 G00 X80 Z80	快速定位到程序起点
N03 M03 S800	主轴正转，转速为 800 r/min
N04 G00 X32 Z3 M08	快速定位到 ϕ32 mm，距端面 3 mm 处，冷却液开
N05 G00 X29	到螺纹切削起点，吃刀深度为 0.5 mm
N06 G32 X29 Z – 30 F2	切削螺纹到螺纹切削终点，导程为 2 mm
N07 G00 X32	X 轴方向快退到 ϕ32 mm 处
N08 G00 Z3	Z 轴方向快退到距端面 3 mm 处
N09 G00 X28.2	到螺纹切削起点，吃刀深度为 0.4 mm
N10 G32 X28.2 Z – 30 F2	切削螺纹到螺纹切削终点，导程为 2 mm
N11 G00 X32	X 轴方向快退到 ϕ32 mm 处
N12 G00 Z3	Z 轴方向快退到距端面 3 mm 处
N13 G00 X27.4	到螺纹切削起点，吃刀深度为 0.4 mm

续表

程序	说明
N14 G32 X27.4 Z – 30 F2	切削螺纹到螺纹切削终点，导程为 2 mm
N15 G00 X80	X 方向快速退回到程序起始位置
N16 G00 Z80	Z 方向快速退回到程序起始位置
N17 M30	主程序结束并返回起始行

方法二：运用 G82 指令进行加工，其参考程序见表 4.2 – 3。

表 4.2 – 3　G82 指令加工程序

程序	说明
%0002	
N01 T0101	换 1 号刀
N02 G00 X80 Z80	快速定位到程序起点或换刀点位置
N03 M03 S800	主轴正转，转速为 800 r/min
N04 G00 X32 Z3 M08	快速定位到 $\phi 32$ mm，距端面 3 mm 处，冷却液开
N05 G82 X29 Z – 30 F2	第一次循环加工，吃刀深度为 0.5 mm
N06 G82 X28.2 Z – 30 F2	第二次循环加工，吃刀深度为 0.4 mm
N07 G82 X27.4 Z – 30 F2	第三次循环加工，吃刀深度为 0.4 mm
N08 G00 X80	X 方向快速退回到程序起始位置
N09 G00 Z80	Z 方向快速退回到程序起始位置
N10 M30	主程序结束并返回起始行

方法三：运用 G76 指令进行加工，其参考程序见表 4.2 – 4。

表 4.2 – 4　G76 指令加工程序

程序	说明
%0003	
N01 T0101	换 1 号刀
N02 G00 X80 Z80	定位到程序起点
N03 M03 S800	主轴正转，转速为 800 r/min
N04 G00 X32 Z3 M08	快速定位到 $\phi 32$ mm，距端面 3 mm 处，冷却液开
N05 G76 A60 X27.4 Z – 30 C2 V0.1 K1.299 Q0.5 U0.3 F2	复合循环加工螺纹
N06 G00 X80	X 方向快速退回到程序起始位置
N07 G00 Z80	Z 方向快速退回到程序起始位置
N08 M30	主程序结束并返回起始行

例2：用螺纹切削复合循环 G76 指令编程（见图 4.2－7），加工螺纹为 ZM60×2（其中括号内尺寸根据标准得到）。

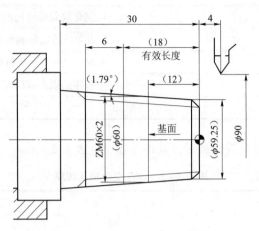

图 4.2－7　加工 ZM60×2 螺纹

其参考程序见表 4.2－5。

表 4.2－5　ZM60×2 螺纹加工程序

程序	说明
％3338	
N1 T0101	换 1 号刀，确定其坐标系
N2 G00 X100 Z100	到程序起点或换刀点位置
N3 M03 S400	主轴正转，转速为 400 r/min
N4 G00 X90 Z4	到固定循环起点位置
N5 G80 X61.125 Z－30 I－0.94 F80	加工锥螺纹外表面
N6 G00 X100 Z100 M05	到程序起点或换刀点位置
N7 T0202	换 2 号刀，确定其坐标系
N8 M03 S300	主轴正转，转速为 300 r/min
N9 G00 X90 Z4	到螺纹循环起点位置
N10 G76 C2 R－3 E1.3 A60 X58.15 Z－24 I－0.94 K1.299 U0.1 V0.1 Q0.9 F2	加工螺纹
N11 G00 X100 Z100	返回程序起点位置或换刀点位置
N12 M05	主轴停
N13 M30	主程序结束并复位

通过例 1 和例 2 我们可以了解，螺纹加工指令可应用于不同的零件加工中。

（1）G32 指令虽然可以加工圆柱（圆锥）螺纹，但其编程的程序量较大，故主要用于端面螺纹、端面螺旋槽（端面油槽）和连续螺纹的加工。

（2）G82 指令进刀方式为直进法，对于大螺距（$P > 2$ mm）的螺纹加工，切削力较大，故常用于螺距 $P < 2$ mm 的圆柱（圆锥）螺纹加工。

（3）G76 螺纹加工复合循环指令采用斜进法进刀，切削时只有刀尖和一侧切削刃参与切削，切削力较小，适用于大螺距螺纹加工。如例 2 所示的圆锥螺纹，为减少编程过程中的计算量，常采用该指令加工。

（4）螺距增大，切削抗力随之增高，对螺距过大的螺纹可利用子程序或宏程序来完成加工。

重点提示

（1）螺纹从粗加工到精加工，主轴的转速必须保持恒定。

（2）在主轴没有停止的情况下，停止螺纹的切削会非常危险，因此螺纹切削时进给保持功能无效，如果按下"进给保持"按键，则刀具在加工完当前程序段后停止运动。

（3）在螺纹加工中不能使用恒定线速度控制功能。

（4）在螺纹加工轨迹中应设置足够的升速进刀段 δ 和降速退刀段 δ'，以消除伺服滞后造成的螺距误差 $\left(\delta = 3.605\delta',\ \delta' = \dfrac{NL}{1\ 800}\right)$。

（5）按 G76 段中的 X(x) 和 Z(z) 指令实现循环加工，增量编程时，要注意 u 和 w 的正负号（由刀具轨迹 AC 和 CD 段的方向决定）；G76 循环进行单边切削，减小了刀尖的受力；第一次切削时的切削深度为 Δd，第 n 次的切削总深度为 Δdn。

（6）当在单程序段状态执行螺纹切削时，在第一个没有指定螺纹切削的程序段执行以后刀具停止。

（7）由于涡形螺纹和锥形螺纹切削期间恒表面切削速度控制有效，此时若主轴速度发生变化，则有可能切不出正确的螺距。因此，在螺纹切削期间不要使用恒表面切削速度控制，而使用 G97。

（8）螺纹循环回退功能对 G32 无效。

4.2.2　螺纹车削指令应用

1. 编程实例

根据零件图样要求，完成螺纹加工（见图 4.2 - 8），零件左端已经加工。

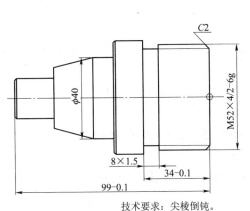

技术要求：尖棱倒钝。

图 4.2 - 8　螺纹加工

2．实训目的

（1）合理组织工作位置，注意操作姿势，养成良好的操作习惯。

（2）掌握螺纹车削加工程序的编制，熟练运用 G82 指令加工多线螺纹。

（3）掌握程序的编辑、输入、校验和修改技能。

（4）掌握装夹刀具及试切对刀的技能。

（5）提高 60°螺纹车刀的刀具刃磨与量具使用的技能。

（6）按图要求完成工件的车削加工，并理解粗车与精车的概念。

（7）掌握在数控车床上加工螺纹控制尺寸的方法及切削用量的选择。

3．实训要求

（1）严格按照数控车床的操作规程进行操作，防止人身、设备事故的发生。

（2）在自动加工前应由实习指导教师检查各项调试是否正确方可进行加工。

（3）了解三角形螺纹的用途和技术要求。

（4）能使用螺纹对刀样板正确装夹车刀。

（5）能判断螺纹牙型、底径、牙宽的正确与否并进行修正。

（6）掌握三角形螺纹质量检测方法。

4．加工实例分析

1）零件精度及加工方法分析

（1）零件加工精度分析。

该零件表面由内外圆柱面、退刀槽及外螺纹等表面组成，其中多个直径尺寸与轴向尺寸有尺寸精度和表面粗糙度要求。零件图尺寸标注完整，符合数控加工尺寸标注要求；轮廓描述清楚完整；零件材料为 45#钢，加工切削性能较好，无热处理和硬度要求，加工中应注意螺纹大径和中径尺寸的控制。

（2）加工方法分析。

图示零件轴向尺寸公差可通过编程中坐标点代入公差方式处理，螺纹中径可以通过修改刀具磨损值的大小来控制，但螺纹加工过程中不能改变机床主轴转速。

2）制定加工方案、确定工艺路线

加工端面，保证全长符合零件图样要求，利用内（外）圆切削循环指令加工该零件螺纹外径，切退刀槽，最后粗、精车双线螺纹。

3）编程原点的确定

根据零件图尺寸标注基准即设计基准，考虑对刀方便，将该零件工件坐标原点设在右端面与主轴中心线的交线处。

4）数值计算

螺纹小径计算：

$$d_1 = d - 1.082\,5\,P = 52 - 1.082\,5 \times 2 = 49.835(\mathrm{mm})$$

螺纹中径计算：

$$d_2 = d - 0.649\,5\,P = 52 - 0.649\,5 \times 2 = 50.701(\mathrm{mm})$$

查表后中径公差为

$$d_2 = 50.701\,^{-0.05}_{-0.15}\,\mathrm{mm}$$

5）工件装夹、定位及刀具的选用

根据提供的零件材料，选用三爪自定心卡盘装夹夹持 φ40 mm 外圆。外圆车刀选用 90°外螺纹车刀，刀尖圆弧 R0.8 mm，切槽刀刀头宽度为 5 mm，如图 4.2 - 9 所示，其刀片规格见表 4.2 - 6。

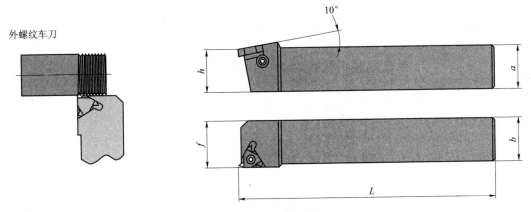

图 4.2 - 9　90°外螺纹车刀

表 4.2 - 6　螺纹刀片

图例	型号	螺距/mm	尺寸/mm				刀片材质及适用范围			
			d	S	X	Y	钢	不锈钢	铸铁	有色金属
外螺纹刀片	16ER/L0.75ISO	0.75								
	16ER/L1.00ISO	1.00			0.8	0.8				
	16ER/L1.25ISO	1.25								
	16ER/L1.50ISO	1.50								
	16ER/L1.75ISO	1.75	9.525	3.5			EC1013	EC3020	EC3020	EW4020
	16ER/L2.00ISO	2.00								
	16ER/L2.50ISO	2.50			1.2	1.5				
	16ER/L3.00ISO	3.00								
	16ER/LAG80ISO	0.75~3.00								
	22ER/L3.50ISO	3.50								
	22ER/L4.00ISO	4.00								
	22ER/L4.50ISO	4.50	12.7	4.76	1.8	2.5	EC1013	EC3020	EC3020	EW4020
	22ER/L5.00ISO	5.00								
R 右刀　L 左刀	22ER/LAG60ISO	3.50~5.00								

6）确定加工参数

根据被加工表面质量要求、刀具材料和工件材料，参考切削用量手册或有关资料选取切削速度与每转进给量，然后利用公式 $v_c = \dfrac{\pi Dn}{1\,000}$，计算主轴转速与进给速度（计算过程略）。

背吃刀量的选择因粗、精加工而有所不同。粗加工时，在工艺系统刚性和机床功率允许的情况下，应尽可能取较大的背吃刀量，以减少进给次数；精加工时，为保证零件表面粗糙度要求，背吃刀量一般取 0.1 ~ 0.4 mm 较为合适。（本书给出的切削参数仅供教学参考。）

7）确定加工步骤

（1）测量毛坯长度，确定车削余量，以保证加工后的长度尺寸；

（2）夹持 $\phi40$ mm 外圆，利用百分表找正；

（3）粗、精车螺纹外径至 $\phi52_{-0.15}^{-0.05}$ mm，倒角 $C2$；

（4）切退刀槽；

（5）粗、精车螺纹至成品，保证螺纹中径符合图样要求。

5．参考程序（见表 4.2-7）

表 4.2-7　参考程序

程序	说明
%0082	
N20 T0101	换 1 号 90°外圆车刀，调用 1 号刀具偏置值
N30 G00 X63 Z3	快速定位到程序起点
N40 M03 S800	主轴正转，转速为 800 r/min
N50 M08	冷却液开
N60 G80 X56 Z-33.5 F120	粗车螺纹大径
N70 X52.5	车削端面
N80 Z0	
N90 G01 X-0.8 S1200	
N100 G00 Z2	
N110 X48	定位到倒角起点
N120 G01 X52 Z-2	倒角
N130 Z-33.5	车削外径
N140 X60	退刀
N150 G00 X120 Z80	返回换刀点换刀
N160 T0202 S800	换 2 号切槽刀，调用 02 号刀具偏置值，主轴转速设定为 800 r/min
N170 G00 X58	X 轴定位
N180 Z-31	Z 轴定位
N190 G01 X39.1 F80	切槽，槽底留 0.1 mm 余量

续表

程序	说明
N200 G00 X58	退刀
N210 Z－34	快速定位
N220 G01 X39	切退刀槽
N230 Z－31	精车槽底
N240 G00 X120	退刀
N250 Z80	返回换刀点
N260 T0303 S600	换3号螺纹刀，调用03号刀具偏置值，主轴转速设定为600 r/min
N270 G00 X32 Z3	快速定位到φ32 mm，距端面3 mm处
N280 G82 X51 Z－30 C2 P180 F4	第一次循环加工，吃刀深度为0.5 mm
N290 G82 X50.4 Z－30 C2 P180 F4	第二次循环加工，吃刀深度为0.3 mm
N300 G82 X50 Z－30 C2 P180 F4	第三次循环加工，吃刀深度为0.3 mm
N310 G82 X49.7 Z－30 C2 P180 F4	第四次循环加工，吃刀深度为0.15 mm
N320 G82 X49.7 Z－30 C2 P180 F4	精加工
N330 G00 X120	X方向快速退回到程序起始位置
N340 G00 Z80	Z方向快速退回到程序起始位置
N350 M30	主程序结束并复位

重 点 提 示

（1）正确使用量具，保证螺纹中径测量准确。

（2）在螺纹加工过程中应保证主轴转速一致，以免乱纹。

（3）螺纹外径应小于公称直径0.1～0.2 mm（此数值根据螺纹公称直径不同而略有差异）。

（4）加工过程中严禁打开安全门，机床转动过程中严禁测量和清除切屑。

（5）程序在输入后要养成用图形模拟的习惯，以保证加工的安全性。

（6）若采用修改磨损补偿的方式进行粗、精加工，则测量后的差值并不是要修改的磨损值，而应将该数值代入螺纹牙型的三角形中进行计算。

（7）尺寸及表面粗糙度达不到要求时，要找出原因，知道正确的操作方法及注意事项。

《数控车床加工技术》实训报告单

实训项目 _____ 成绩 _____

班级 _____ 学号 _____ 姓名 _____ 机床型号 _____

一、实训目的与要求

二、实训内容简述

三、实训报告内容

1. 加工中出现的问题或难点：

2. 解决问题的方法：

四、质量检查

序号	检测项目	评分标准	自测	检测	项目得分
1					
2					
3					
4					
5					
6					
成绩					

五、教师点评

六、学习体会

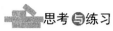思考与练习

1. 计算 M24 螺纹中径尺寸及螺旋升角。
2. 简述数控车床螺纹加工控制原理。
3. 加工螺纹过程中主轴变速乱纹的主要原因是什么？
4. 编制如图 4.2 – 10 所示零件的加工工艺及程序。

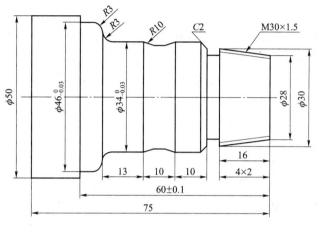

图 4.2 – 10　圆锥螺纹轴

5. 编制如图 4.2 – 11 所示零件加工工艺及程序。

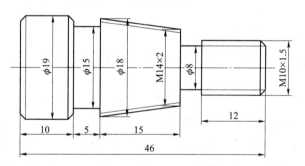

图 4.2 – 11　螺纹轴

第5章 复合循环指令应用

复合循环指令可以简化程序编制，应用于需通过多次重复切削才能加工至尺寸的零件加工。在使用复合循环指令编制程序的过程中，只要编写出最终的加工路线，即精加工路线，给出每一次循环的进刀（背吃刀量）、退刀等系列参数，车床即可自动地重复切削，直至完成全部规定的加工。

本章主要介绍以下几方面内容：

(1) 数控车削加工工艺设计。

(2) 复合循环指令及其应用。

通过本章的学习，掌握数控车削加工工艺设计的基本要求，设计简单零件加工工艺，利用复合循环指令完成零件程序的编制及加工。

5.1 数控车削加工工艺设计

5.1.1 数控车削加工工艺设计的主要内容

工艺设计是进行数控车削编程之前要认真进行的一项重要工作，工艺设计工作会直接影响数控加工的产品质量和生产效率。数控机床的加工工艺与通用机床的加工工艺有许多相同之处，但在数控机床上加工零件比在通用机床上加工零件的工艺规程要复杂得多。在数控加工前，要将机床的运动过程、零件的工艺过程及刀具的形状、切削用量和走刀路线等都编入程序，如果工艺设计不当，除会影响产品质量和加工效率外，还可能导致数控机床、刀具等损坏。这就要求程序设计人员具有多方面的知识基础；要求在进行零件数控加工前，要周到地考虑零件加工的全过程，以及正确、合理地编制零件的加工程序。

数控加工工艺设计主要包括以下内容：

在进行数控加工工艺设计时，一般应进行以下几方面的工作：分析零件图，选择数控加工工艺内容；确定装夹方法及换刀点；编制数控加工工艺；编写加工程序。

1. 分析零件图，选择数控加工工艺内容

分析零件图样是进行工艺分析的前提，它将直接影响零件加工程序的编制与加工。分析零件图样主要有以下几方面内容：

(1) 分析零件图样的零件轮廓形状及技术要求。

(2) 分析零件图样的尺寸精度要求，以判断能否利用车削加工方法获得尺寸精度，并确定控制并达到图样要求的工艺方法。

（3）分析零件图样的形状和位置精度要求。零件图样上给定的形状和位置公差是保证零件精度的重要依据，通过认真分析，以确定零件加工时的定位基准和测量基准。

（4）分析表面粗糙度要求，确定机床、刀具以及切削用量。

（5）分析零件材料即热处理要求。零件图样上指定的材料和热处理要求是选择刀具、机床并确定切削用量的重要依据。

对于一个零件来说，并非全部加工工艺过程都适合在数控机床上完成，而往往只是其中的一部分工艺内容适合数控加工。这就需要对零件图样进行仔细的工艺分析，选择那些最适合、最需要进行数控加工的内容和工序。在考虑选择内容时，应结合本企业设备的实际，立足于解决难题、攻克关键问题和提高生产效率，充分发挥数控加工的优势。

适于数控加工的内容：

在选择时，一般可按下列顺序考虑：

（1）通用机床无法加工的内容应作为优先选择内容。

（2）通用机床难加工、质量也难以保证的内容应作为重点选择内容。

（3）通用机床加工效率低、工人手工操作劳动强度大的内容，可在数控机床尚存在富余加工能力时选择。

不适于数控加工的内容：

一般来说，上述这些加工内容采用数控加工后，在产品质量、生产效率与综合效益等方面都会得到明显提高。相比之下，下列一些内容不宜选择数控加工：

（1）占机调整时间长。如以毛坯的粗基准为加工的第一个精基准，需用专用工装协调的内容。

（2）加工部位分散，需要多次安装、设置原点。这时，采用数控加工很麻烦，效果不明显，可安排通用机床补充加工。

（3）按某些特定的制造依据（如样板等）加工的型面轮廓。主要原因是获取数据困难，易于与检验依据发生矛盾，增加了程序编制的难度。

此外，在选择和决定加工内容时，也要考虑生产批量、生产周期、工序间周转情况等。总之，要尽量做到合理，达到多、快、好、省的目的；要防止把数控机床降格为通用机床使用。

2. 确定装夹方法及换刀点

在数控车床加工中，零件定位、装夹的基本原则与普通车床相类似。其换刀点的设计应遵循数控车床走刀路线的设计原则，减少空行程，提高生产效率。

3. 制定工艺路线

在数控车床加工过程中，由于加工对象复杂多样，特别是轮廓曲线形状及位置千变万化，以及工件材料、批量不同等多方面的影响，在具体制定零件加工工艺路线时应遵循以下几个原则。

1）先粗后精

粗加工完成后，接着进行半精加工和精加工，半精加工的目的是：当粗加工后所留加工余量不均匀，满足不了精加工的要求时，半精加工可作为过渡性工序，以便精加工的余量小而均匀。精加工时，零件轮廓应由最后一次连续加工而成。

2）先近后远

近与远主要是对欲加工的部位相对于换刀点的距离大小而言。通常在粗加工时，距离换刀点近的部位先加工，以便缩短刀具移动的距离，减少空行程。先近后远的原则还有利于保护零件的刚性，改善切削条件。

3）先内后外

对既有内表面又有外表面的零件，在制定加工工艺方案时，通常应先安排加工内型或内腔，后加工零件外表面。这是因为控制内型或内腔表面的尺寸和形状较困难，而且内孔刀具的刚性相应较差，加工中排屑、冷却较困难，刀尖的耐用度易受热降低。

4）刀具集中

刀具集中，即尽量使用一把刀具完成相应部位的加工后，再更换另一把刀具加工其他相应的加工部位，以便减少空行程和换刀时间。

4．数控加工工序与普通工序的衔接

数控加工工序前后一般都穿插有其他普通加工工序，如衔接得不好就容易产生矛盾。因此在熟悉整个加工工艺内容的同时，要清楚数控加工工序与普通加工工序各自的技术要求、加工目的、加工特点，比如要不要留加工余量，留多少余量；定位面与孔的精度要求及形位公差；对校形工序的技术要求；对毛坯的热处理状态等，这样才能使各工序相互满足加工需要，且质量目标及技术要求明确，交接验收有依据。

5．刀具的选择

数控车削加工对刀具使用的要求高于普通机床，不仅需要刀具的刚性好、精度高，而且要求尺寸精度高、耐用度高、断屑和排屑性能好，还要求安装调整方便。数控车床上所选用的刀具常采用适应高速切削性能的刀具材料，如超硬高速钢、超细粒度硬质合金、金属陶瓷等材料，并使用可转位刀片，以满足数控加工高效率的要求。

数控车床上大多使用系列化、标准化刀具，对可转位机夹车刀都有国家标准和系列化型号。数控常用刀具选型技巧参见第1章。

刀具尤其是刀片的选择，是保证加工质量和提高生产效率的关键。零件材料的切削性能、毛坯的加工余量、零件的尺寸精度和表面粗糙度、数控机床的自动化程度都是选择刀片的重要依据。

数控车床能够在一次装夹过程中完成粗、精加工，因此，在粗加工时应选择强度高、耐用度好的刀具，以便满足其粗加工时背吃刀量大、进给速度高的要求；精加工时，要选择精度高、耐用度好的刀具，以满足加工精度的要求。

6．确定切削用量

对于高效率的金属切削机床加工来说，被加工材料、切削刀具和切削用量是三大要素，这些条件决定着加工时间、刀具寿命和加工质量。经济的、有效的加工方式，要求必须合理地选择切削条件。数控编程时，必须确定每一把刀具的切削用量，并把选择的切削用量以指令的形式写入加工程序中。

编程人员在确定刀具的切削用量时，应根据刀具的耐用度和机床使用说明书中的规定去选择，也可以结合实际经验用类比法确定切削用量。在选择切削用量时应遵循的基本原则是：保证零件的加工精度和表面粗糙度要求；充分发挥刀具的切削性能，保证合理的刀具耐用度；充分发挥机床的性能，最大限度地提高生产效率、降低成本。

1）主轴转速的确定

主轴转速应根据刀具的切削速度和工件的直径来选择，计算公式为：

$$n = \frac{1\,000v_{\mathrm{c}}}{\pi d}$$

式中，v_{c}——切削速度，单位 m/min，由刀具的耐用度来确定；

      n——主轴转速，单位 r/min；

      d——工件直径，单位 mm。

通过查表或计算得到主轴转速 n 后，要根据机床的实际情况选择接近的、机床具有的转速。

2）进给速度的确定

进给速度是机床切削用量中最重要的参数，主要根据零件的加工精度和表面粗糙度要求以及刀具、零件材料的性质来选取，其数值受机床刚度和进给系统性能的限制。选择的基本原则是，当工件质量要求能够得到充分保证的情况下，应尽量选择较高的进给速度，以提高生产效率。

车削加工时，刀尖半径与进给量、表面粗糙度的理论值存在一定关系，在选择进给量时一般不应超过此值，即

$$h = re - \left[re^2 - (0.5 \times f)^2 \right] \times 0.5$$

h 为残留高度，而：

$$Ra = (0.25 \sim 0.33)h$$

因此：

$$f_{\max} = (Ra \times re/50)\ 1/2$$

表 5.1 – 1 列出了根据表面粗糙度、刀尖圆弧半径确定的进给量。

表 5.1 – 1 进给量

F/mm Ra（Rz）/μm r/mm	0.4/1.6	1.6/6.3	3.2/12.5	6.3/25
0.2	0.05	0.08	0.13	
0.4	0.07	0.11	0.17	0.22
0.8	0.10	0.15	0.24	0.3
1.2	0.19	0.29	0.37	0.47
1.6	0.34	0.43	0.54	1.08
2.4	0.42	0.53	0.66	1.32

3）背吃刀量的确定

数控车床加工时的背吃刀量主要受机床、零件和刀具的刚度限制，在机床刚度允许的情况下，应尽可能使背吃刀量等于工序的加工余量，这样可以减少走刀次数，提高加工效率。对于表面粗糙度和精度要求较高的零件，要留有足够的精加工余量。

编程时确定切削用量：要根据被加工工件材料、硬度、切削状态、背吃刀量、进给量和刀具耐用度，最后选择合适的切削速度。切削用量选择是否合理，在很大程度上决定了能否

充分发挥数控机床的潜力和刀具的切削性能，以及能否实现优质、高效、低成本和安全生产。数控车削加工切削用量选择的基本原则如下：

（1）粗车时，首先考虑尽可能大的背吃刀量，其次选择一个较大的进给量，最后确定一个合适的切削速度。根据此原则选择粗车时的切削用量可减少车削走刀次数、提高生产率、减少消耗、降低成本。

（2）精车时，加工精度要求较高，加工余量小且较为均匀，因此可以选择较小的进给量，选择切削性能较好的刀具材料和合理的几何参数，以尽可能提高切削速度。

（3）安排粗、精车切削用量时，应注意机床说明书给定的允许切削用量的范围。

总之，切削用量的具体数值应根据数控机床的性能及相关刀具切削性能手册，并结合实际经验确定，由低到高逐渐调整。同时，应使主轴转速、背吃刀量和进给量三者相互适应，以发挥机床最佳性能。

5.1.2　内孔（内轮廓）数控车削加工

带有内孔或内轮廓的零件在机械加工中经常碰到，它在机器中主要起支撑或导向作用。其结构特点为：零件的主要表面为内孔与外圆，且两者的同轴度要求较高；零件壁厚较薄；加工中易变形；零件的长度一般大于直径。其主要加工方法是车削和钻削。

1. 孔加工刀具的类型与选用

孔加工刀具主要有麻花钻、扩孔钻、镗刀与铰刀。

1）麻花钻

（1）麻花钻的组成。

标准麻花钻由工作部分、柄部和颈部三部分组成，如图 5.1-1 所示。

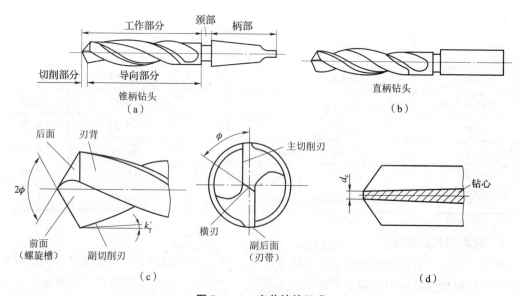

图 5.1-1　麻花钻的组成

① 工作部分。工作部分是钻头的主要组成部分，位于钻头的前半部分，也就是具有螺旋槽的部分，其包括切削和导向部分。切削部分主要起切削的作用，导向部分主要起导向、

排屑、切削部分后备的作用，如图 5.1 - 1（a）和图 5.1 - 1（b）所示。

为了提高钻头的强度和刚性，其工作部分的钻心厚度（用一个假设圆直径——钻心直径 d_c 表示）一般为 $0.125d_0 \sim 0.15d_0$（d_0 为钻头直径），并且钻心成正锥形，如图 5.1 - 1（d）所示，即从切削部分朝后方向，钻心直径逐渐增大，每 100 mm 长度增大量为 1.4 ~ 2 mm。

为了减少导向部分和已加工孔壁之间的摩擦，对直径大于 1 mm 的钻头，钻头外径从切削部分朝后方向制造出倒锥，形成副偏角，如图 5.1 - 1（c）所示。每 100 mm 长度倒锥量为 0.03 ~ 0.12 mm。

② 柄部。柄部位于钻头的后半部分，起夹持钻头、传递转矩的作用，如图 5.1 - 1（a）和图 5.1 - 1（b）所示。柄部有直柄（圆柱形）和莫氏锥柄（圆锥形）之分，钻头直径在 ϕ13 mm 以下做成直柄，利用钻夹头夹持住钻头；直径在 ϕ13 mm 以上做成莫氏锥柄，利用莫氏锥套与机床锥孔连接，莫氏锥柄后端有一个扁尾榫，其作用是在楔铁把钻头从莫氏锥套中卸下，在钻削时，扁尾榫可防止钻头与莫氏锥套打滑。

③ 颈部，如图 5.1 - 1（a）和图 5.1 - 1（b）所示。颈部是工作部分和柄部的连接处（焊接处）。颈部的直径小于工作部分和柄部的直径，其作用是在磨削工作部分和柄部时便于砂轮退刀；颈部也起标记打印的作用。小直径的直柄钻头没有颈部。

（2）麻花钻切削部分的组成。

钻头的切削部分由两个前面、两个后面、两个副后面、两条主切削刃、两条副切削刃和一条横刃组成，如图 5.1 - 2 所示。

前面 A_γ：靠近主切削刃的螺旋槽表面。

后面 A_α：与工件过渡表面相对的表面。

副后面 A'_α：又称刃带，是钻头外圆上沿螺旋槽凸起的圆柱部分。

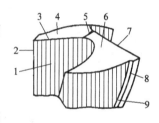

图 5.1 - 2 麻花钻切削部

1—前面；2、8—副切削刃；
3、7—主切削刃；4、6—后面；
5—横刃；9—副后面

主切削刃 S：前面与后面的交线。

副切削刃 S'：前面与副后面的交线。

横刃：两个后面的交线。

（3）硬质合金钻头。

目前，钻孔的刀具仍以高速钢麻花钻为主，但是随着高速度、高刚性、大功率数控机床和加工中心的应用日益增多，高速钢麻花钻已满足不了先进机床的使用要求。于是在 20 世纪 70 年代出现了硬质合金钻头和硬质合金可转位浅孔钻头等。硬质合金钻头日益受到人们的重视。

无横刃硬质合金钻头的结构如图 5.1 - 3 所示。无横刃硬质合金钻头的外形与标准高速钢麻花钻相似，在合金钢钻体上开出螺旋槽，其螺旋角比标准麻花钻略小（$\beta = 20°$），钻心直径略粗，在钻体顶部焊有两块韧性好、抗黏结性强的硬质合金刀片，两块刀片在钻头轴心处留有 $b = 0.8 \sim 1.5$ mm 的间隙。为了保证钻尖的强度，在靠近钻头轴心处的两块刀片切削刃被磨成圆弧形或折线形，而不靠近钻头轴心处的两块刀片切削刃被磨成直线形；圆弧刃或折线刃 B 处前角为 $\gamma_{oB} = 18° \sim 20°$，直线刃 A 处前角为 $\gamma_{oA} = 25° \sim 28°$，在切削刃上磨出一定宽度的倒棱，以改善刃口的强度和散热条件；在前面处开出断屑槽，以利于断屑、排屑；两条切削刃所形成的顶角为 $2\phi = 125° \sim 145°$，硬质合金刀片外缘处留有刃带，而合金钢钻体直径比硬质合金刀片外缘直径小，从而减少了钻削时无横刃硬质合金钻头与孔壁的摩擦。

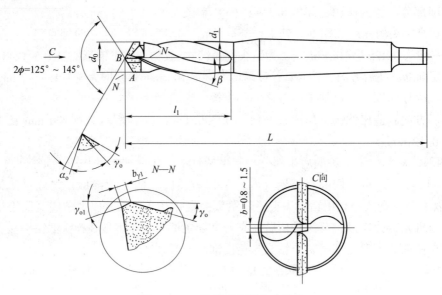

图 5.1－3　无横刃硬质合金钻头

2）扩孔钻的形状、尺寸及选用

扩孔钻主要有高速钢扩孔钻和硬质合金扩孔钻两类。其用途为提高钻孔、铸造与锻造孔的孔径精度，使其达到 H11 级以上；表面粗糙度达 $Ra3.2 \mu m$，达到镗加工底孔工序尺寸与尺寸公差的要求。

扩孔钻有直柄、锥柄和套装三种形式，如 5.1－4 所示。

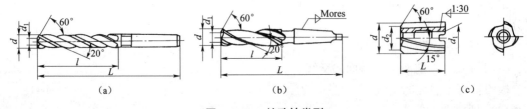

图 5.1－4　扩孔钻类型

(a) 直柄；(b) 锥柄；(c) 套装

扩孔钻分为柄部、颈部和工作部分三段。工作部分包括切削和导向部分，其中切削部分有主切削刃、前刀面、后刀面、钻心和棱边五个结构式要素，具体如图 5.1－5 所示。

3）镗刀的类型及选用

（1）镗刀的类型主要有以下几种：

① 按切削刃数量分：单刃、双刃和多刃镗刀三种。

② 按加工面分：内孔与端面镗刀。内孔镗刀可分为通孔、阶梯孔和不通孔镗刀。

③ 按镗刀结构分：整体式、机夹式和可调式镗刀三种，如图 5.1－6 所示。

（2）镗刀的选用：镗刀的切削条件为镗削深度、刀具半径、切削速度、切削量和进给量。

① 镗刀伸入孔内的有效加工深度与加工孔径决定了镗削速度。

② 镗刀刀尖半径与镗刀伸入孔内的有效加工深度决定了镗刀刀杆的长度。

③ 内孔表面的表面粗糙度与刀尖圆弧半径决定了镗刀的进给量。

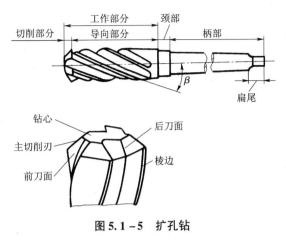

图 5.1-5　扩孔钻

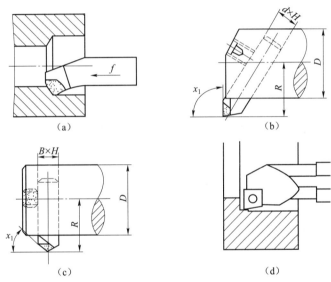

图 5.1-6　镗孔刀

（a）整体焊接式镗刀；（b）机夹式盲孔镗刀；（c）机夹式通孔镗刀；（d）可调式镗刀

4）铰刀的类型及选用

铰刀是对已有孔进行精加工的一种刀具。铰削切除余量很小，一般只有 0.1 ~ 0.5 mm。铰削后孔精度可达 IT6 ~ IT9，表面粗糙度可达 $Ra0.4 ~ 1.6 ~\mu m$。铰刀加工孔的直径范围为 $\phi1 ~ \phi100$ mm，它可以加工圆柱孔、圆锥孔、通孔和盲孔；可以在钻床、车床、数控机床等多种机床上进行铰削，也可以通过手工进行铰削。铰刀是一种应用十分普遍的孔加工刀具。

铰刀按刀具材料分为高速钢铰刀和硬质合金铰刀；按加工孔的形状分为圆柱铰刀和圆锥铰刀（见图 5.1-7）；按铰刀直径调整方式分为整体式铰刀和可调式铰刀（见图 5.1-8）。

铰刀是由工作部分、柄部和颈部三部分组成的。工作部分分为切削部分和校准部分。切削部分又分为引导锥和切削锥。引导锥使铰刀能方便地进入预制孔，切削锥起主要的切削作用。校准部分又分为圆柱部分和倒锥部分。圆柱部分起修光孔壁、校准孔径、测量铰刀直径

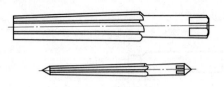

图 5.1-7　圆锥铰刀

图 5.1-8　可调式铰刀

以及切削部分的后备作用，倒锥部分起减少孔壁摩擦、防止铰刀退刀时孔径扩大的作用。柄部是夹固铰刀的部位，起传递动力的作用。手用铰刀的柄部均为直柄（圆柱形），机用铰刀的柄部有直柄和莫氏锥柄（圆锥形）之分。颈部是工作部分与柄部的连接部位，用于标注刀具尺寸。

2．切削液

1）切削液的作用

冷却作用：使切削热传导、对流，从而降低切削区温度。

润滑作用（边界润滑原理）：切削液渗透到刀具与切屑、工件表面之间形成润滑膜，它具有物理吸附和化学吸附作用。

洗涤和防锈作用：冲走细屑或磨粒；在切削液中添加防锈剂，起防锈作用。

2）常用切削液及其选用

（1）水溶液：水溶液就是以水为主要成分并加入防锈添加剂的切削液，主要起冷却作用。常用的有电解水溶液和表面活性水溶液。

电解水溶液：在水中加入各种电解质（如 Na_2CO_3、亚硝酸钠），能渗透到表面油膜内部起冷却作用，主要用于磨削、钻孔和粗车等。

表面活性水溶液：在水中加入皂类、硫化蓖麻油等表面活性物质，用以提高水溶液的润滑作用，常用于精车、精铣和铰孔等。

（2）切削油：主要起润滑作用。

10 号、20 号机油：用于普通车削、攻丝。

轻柴油：用于自动机上。

煤油：用于精加工有色金属、普通孔或深孔精加工。

豆油、菜油、蓖麻油等：用于螺纹加工。

（3）乳化液：由水和油混合而成的液体。生产中的乳化液是由乳化剂（蓖麻油、油酸或松脂）加水配置而成的。浓度低的乳化液含水多，主要起冷却作用，适于粗加工和磨削；浓度高的乳化液含水少，主要起润滑作用，适于精加工。

（4）极压切削油和极压乳化液：在切削液中添加了硫、氯、磷极压添加剂后，能在高温下显著提高冷却和润滑效果。

金属切削液—乳化液以其价廉而得到广泛的应用。但在其使用过程中，因使用者没有按规范化的要求使用，以致达不到应有的效果。例如，有操作者在乳化液失效发臭的情况下仍在使用，结果导致工件生锈、腐蚀机床、污染环境等。

水溶性切削液在使用过程中维护管理得当，不仅可获得最佳的切削加工效果，而且可以大大延长水溶性切削液的使用寿命，减小废液排放量，从而获得最大经济效益。

5.2　内（外）径粗车复合循环指令编程实例

5.2.1　内（外）径粗车复合循环指令

1）内（外）径粗车复合循环指令

格式：

G71 U(Δd) R(r) P(ns) Q(nf) X(Δx) Z(Δz) F(f) S(s) T(t)

参数说明：

Δd：切削深度（每次切削量），指定时不加符号；

r：每次退刀量；

ns：精加工路径第一程序段的顺序号；

nf：精加工路径最后程序段的顺序号；

Δx：X 方向精加工余量；

Δz：Z 方向精加工余量；

f，s，t：粗加工时 G71 中编程的 F，S，T 有效，而精加工时处于 ns 到 nf 程序段之间的 F，S，T 有效。

G71 指令适用于无凹槽零件加工，其加工轨迹如图 5.2 - 1 所示。

依据该指令加工如图 5.2 - 2 所示零件，其参考程序见表 5.2 - 1。

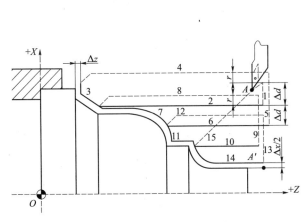

图 5.2 - 1　内（外）径粗车复合循环指令轨迹

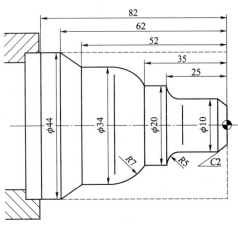

图 5.2 - 2　加工示例

表 5.2 - 1　参考程序

程序	说明
%0710	
N10 T0101	调用 1 号刀具，并调用其刀具偏置值和补偿值

续表

程序	说明
N20 M03 S1000	主轴正转，转速为 1 000 r/min
N30 X46 Z3	刀具定位到循环起点位置
N40 G71 U1.5 R1 P50 Q140 X0.4 Z0.1 F200	背吃刀量：1.5 mm；精加工余量：X0.4 mm，Z 0.1 mm
N50 G00 G42 X0 S1500	精加工轮廓起始行，到倒角延长线
N60 G01 X10 Z−2 F150	精加工 $C2$ 倒角
N70 Z−20	精加工 ϕ10 mm 外圆
N80 G02 U10 W−5 R5	精加工 $R5$ mm 圆弧
N90 G01 W−10	精加工 ϕ20 mm 外圆
N100 G03 U14 W−7 R7	精加工 $R7$ mm 圆弧
N110 G01 Z−52	精加工 ϕ34 mm 外圆
N120 U10 W−10	精加工外圆锥
N130 W−20	精加工 ϕ44 mm 外圆，精加工轮廓结束行
N140 G00 G40 X46	退出已加工面
N150 X80 Z80	回对刀点
N160 M05	主轴停
N170 M30	主程序结束并复位

在利用内（外）径粗车复合循环 G71 指令进行编程时，应注意：

（1）G71 指令必须带有 P、Q 地址 ns、nf，且与精加工路径起、止顺序号对应，否则不能进行该循环加工。

（2）ns 的程序段必须为 G00/G01 指令，即从 A 到 A' 的动作必须是直线或点定位运动。

（3）在顺序号为 ns 到顺序号为 nf 的程序段中，不应包含子程序。

（4）根据刀具设定粗加工背吃刀量，根据被吃刀量、精加工余量和零件毛坯直径设置粗加工循环起点，防止加工时的第一刀切削量小或切不到毛坯。

（5）分别设置粗、精加工的主轴转速、进给量，提高加工效率，必要时需使用恒线速设定指令 G96、G97。

（6）在运用 G71 指令编程时应注意加工余量 $X(\Delta x)$、$Z(\Delta z)$ 的正负号，以免余量不足或造成过切。精加工余量符号示意图如图 5.2−3 所示。

在图 5.2−3 中，$A−B$ 为零件轮廓，$A'−B'$ 为粗加工最后一刀的轮廓，二者间的部分为精加工余量。如图 5.2−3 所示，当零件轮廓在图示第一象限时，$X(\Delta x)$、$Z(\Delta z)$ 中的 Δx、Δz 均为正值；当零件轮廓在图示第四象限时，$X(\Delta x)$、$Z(\Delta z)$ 中的 Δx 为负值、Δz 为正值。若零件轮廓在第一、二象限或在第三、四象限，则需使用带

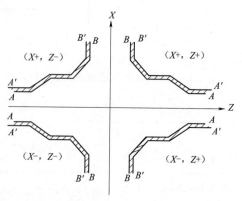

图 5.2−3 精加工余量

凹槽加工指令格式，以避免过切。

2）有凹槽加工时的内（外）径粗车复合循环指令

格式：

G71 U（Δd）R（r）P（ns）Q（nf）E（e）F（f）S（s）T（t）

参数说明：

Δd：切削深度（每次切削量），指定时不加符号；

r：每次退刀量；

ns：精加工路径第一程序段的顺序号；

nf：精加工路径最后程序段的顺序号；

f，s，t：粗加工时 G71 中编程的 F，S，T 有效，而精加工时处于 ns 到 nf 程序段之间的 F，S，T 有效；

e：精加工余量，其为 X 方向的等高距离，外径切削时为正，内径切削时为负。

以上指令格式适用于有凹槽零件加工，其加工轨迹如图 5.2－4 所示。

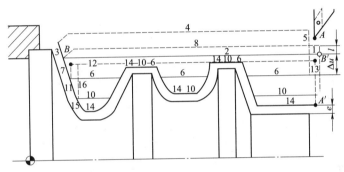

图 5.2－4 有凹槽的内（外）径粗车复合循环指令加工轨迹

5.2.2 内（外）径粗车复合循环指令应用

1. 编程实例

根据零件图样要求，编写（图 5.2－5）内孔加工程序，完成零件加工。

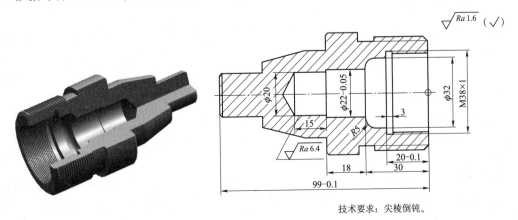

技术要求：尖棱倒钝。

图 5.2－5 加工示例

2. 实训目的

（1）合理组织工作位置，注意操作姿势，养成良好的操作习惯。

（2）掌握内孔、内螺纹车削程序编制，熟练运用 G、M、S、T 指令及刀具补偿。

（3）掌握程序编辑、输入、校验、修改的技能。

（4）掌握内径百分表的使用技能。

（5）掌握钻头使用、修磨技能。

3. 实训要求

（1）严格按照数控车床的操作规程进行操作，防止人身、设备事故的发生。

（2）分析零件图，明确技术要求。

（3）在自动加工前应由实习指导教师检查各项调试是否正确方可进行加工。

（4）正确装夹车刀，应注意刀杆底部与内孔发生干涉。

（5）能判断刀具是否磨损、切削参数选择是否合理。

（6）钻头安装牢固，切削液供给充分。

4. 加工实例工艺分析

1）零件精度及加工方法分析

（1）零件加工精度分析。

该零件表面由内外圆柱面、内圆弧、内沟槽及内螺纹等表面组成，零件各加工部位尺寸公差要求并不十分严格，表面质量要求较高，$\phi20$ mm 内孔表面粗糙度为 $Ra6.4~\mu m$，可通过钻削保证。零件图尺寸标注完整，符合数控加工尺寸标注要求；轮廓描述清楚完整；零件材料为 45#钢，加工切削性能较好，无热处理和硬度要求。

（2）加工方法分析。

① 对图样上 $\phi22$ mm 内孔的尺寸，因公差值较小，故编程时不必取平均值，而取基本尺寸即可。

② 零件轴向尺寸公差可通过编程中坐标点代入公差方式处理。

2）制定加工方案、确定工艺路线

图 5.2-5 所示零件为内孔加工，加工时需先用 $\phi20$ mm 的钻头钻孔，镗孔刀加工内孔各型面，切退刀槽，加工内螺纹。

3）编程原点的确定

根据零件图尺寸标注基准即设计基准，考虑对刀方便，将该零件工件坐标原点设在右端面与主轴中心线的交线处。

4）数值计算

圆弧起点坐标：（32，-25）。

螺纹孔径计算：

$$D_1 = D - 1.082\ 5P = 36.918 \text{ mm}$$

5）工件装夹、定位及刀具的选用

根据提供的零件材料，选用三爪自定心卡盘装夹，粗、精车刀选用93°、刀杆直径 $D_{min} = 16$ mm 的内孔车刀。刀体及刀片如图5.2-6所示，本例中切槽刀选择整体式高速钢车刀。

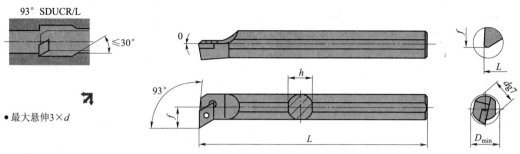

*R=右手，L=左手

型号	尺寸/mm					刀片	螺钉	扳手
	d	f	L	h	D_{min}			
S10K-SDUCR/L 07	10	7	125	9	13			
S12M-SDUCR/L 07	12	9	150	11	16	DC.070204	L60 M2.5×5.2	T8
S16R-SDUCR/L 07	16	11	200	15	20			

图 5.2 - 6　刀体及刀片

6）确定加工参数

根据选用的刀片涂层及槽型不同，查表（由刀具供应商提供），选择合理的切削参数。（本节给出的切削参数仅供教学参考。）

7）确定加工步骤

（1）三爪卡盘夹持 $\phi 40$ mm 外圆，利用百分表找正；

（2）钻孔；

（3）复合循环指令粗、精车内孔；

（4）切退刀槽；

（5）粗、精车螺纹至成品；

（6）测量。

4．参考程序

本实例参考程序见表 5.2 - 2。

表 5.2 - 2　参考程序

程序	说明
％0071	
N10 T0101 M08	调用 1 号内孔刀及刀具补偿值
N20 G00 G40 X200 Z5 M03 S500	定位，主轴正转
N30 M00	程序暂停，手动钻孔
N40 G00 X19 S800	定位到循环起点
N50 G71 U1 R1 P60 Q120 X - 0.2 Z0 F120	粗加工内孔
N60 G01 G41 X37 S1000 F100	精加工程序，刀具定位
N70 Z - 19.5	加工螺纹孔

续表

程序	说明
N80 X32	
N90 Z－25	加工 ϕ32 mm 内表面
N100 G03 X22 W－5 R5	加工 R5 mm 圆弧面
N110 G01 W－18	加工 ϕ22 mm 内孔
N120 X19	
N130 G00 G40 Z100	退刀
N140 T0202	换切槽刀
N150 G00 X30 S400	
N160 Z3	
N170 G01 Z－29.95 F120	定位
N180 X38.2 F40	车内沟槽
N190 X30	
N200 G00 Z100	退刀
N210 T0303	换 3 号刀，调用 3 号刀具偏置补偿
N220 G00 X30 S600	
N230 Z3	
N240 G82 X37.5 Z－21 F1	粗车螺纹
N250 X37.8	
N260 X38	
N270 X38	精整加工
N280 G00 Z150 M09	
N290 X200	
N300 M05	
N310 M30	

重点提示

（1）编程时注意定位点坐标及加工余量的设置。

（2）程序在输入后要养成用图形模拟的习惯，以保证加工的安全性。

（3）注意钻孔时的进给速度，应充分浇注切削液。

（4）加工过程中严禁打开安全门，机床转动过程中严禁测量和清除切屑。

（5）正确使用内径百分表，测量前需进行校表，保证测量准确。

（6）内孔车刀精加工后必须指定 Z 轴单轴退出。

（7）在螺纹加工过程中应保证主轴转速一致，以免乱纹。

（8）尺寸及表面粗糙度达不到要求时，要找出原因。

《数控车床加工技术》实训报告单

实训项目 _____　　成绩 _____

班级 _____　学号 _____　姓名 _____　机床型号 _____

一、实训目的与要求

二、实训内容简述

三、实训报告内容

1. 加工中出现的问题或难点：

2. 解决问题的方法：

四、质量检查

序号	检测项目	评分标准	自测	检测	项目得分
1					
2					
3					
4					
5					
6					
7					
8					
9					
10					
成绩					

五、教师点评

六、学习体会

5.3 端面粗车复合循环指令加工实例

5.3.1 端面粗车复合循环编程指令

格式：

G72 W(Δd) R(r) P(ns) Q(nf) X(Δx) Z(Δz) F(f) S(s) T(t)

参数说明：

Δd：切削深度（每次切削量），指定时不加符号，方向由矢量$\overrightarrow{AA'}$决定；

r：每次退刀量；

ns：精加工路径第一程序段（即图中的 AA'）的顺序号；

nf：精加工路径最后程序段（即图中的 $B'B$）的顺序号；

Δx：X 方向精加工余量；

Δz：Z 方向精加工余量；

f、s、t：粗加工时 G72 中编程的 F、S、T 有效，而精加工时处于 ns 到 nf 程序段之间的 F、S、T 有效。

该循环与 G71 的区别仅在于切削方向平行于 X 轴。该指令执行如图 5.3 – 1 所示的粗加工和精加工，其中精加工路径为 $A \rightarrow A' \rightarrow B' \rightarrow B$。

编程实例：加工如图 5.3 – 2 所示零件，参考程序见表 5.3 – 1。

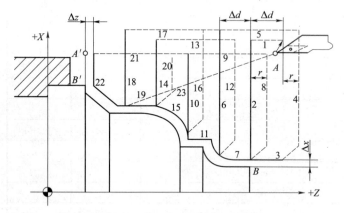

图 5.3 – 1　端面粗加工循环轨迹

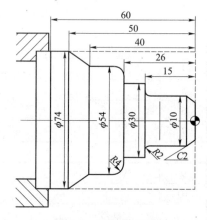

图 5.3 – 2　加工示例

表 5.3 – 1　参考程序

程序	说明
%0072	
N10 T0101	换 1 号刀，调用 1 号刀具偏置值和补偿值
N20 G00 X100 Z80	到程序起点或换刀点位置

续表

程序	说明
N30 M03 S800	主轴正转, 转速为 800 r/min
N40 X80 Z1	到循环起点位置
N50 G72 W4 R1 P60 Q180 X0.2 Z0.5 F160	外端面粗加工循环
N60 G00 Z2 S1000	粗加工后, 到换刀点位置
N70 G42 X80 Z1	加入刀尖圆弧半径补偿
N80 G00 Z−56	精加工轮廓开始, 到锥面延长线处
N90 G01 X54 Z−40 F100	精加工锥面
N100 Z−30	精加工 $\phi54$ mm 外圆
N110 G02 U−8 W4 R4	精加工 $R4$ mm 圆弧
N120 G01 X30	精加工 Z26 mm 处端面
N130 Z−15	精加工 $\phi30$ mm 外圆
N140 U−16	精加工 Z15 mm 处端面
N150 G03 U−4 W2 R2	精加工 $R2$ mm 圆弧
N160 Z−2	精加工 $\phi10$ mm 外圆
N170 U−6 W3	倒 C2 角, 精加工轮廓结束
N180 G00 Z2	退出已加工表面
N190 G40 X100 Z80	取消半径补偿, 返回程序起点位置
N200 M30	主程序结束并复位

5.3.2　数控车削中刀尖高对零件尺寸精度的影响

在数控车削中, 车刀的刀尖高误差会影响车削工件的尺寸精度, 这在车削高精度阶梯轴类零件, 特别是轴颈尺寸相差较大的盘类零件时尤为明显。因为数控车削时, 刀具的进给尺寸靠数控程序设定, 而且人们往往习惯于对车削阶梯轴类零件采用一把刀将大、小外圆连续一刀车成, 这样对于加工精度高的阶梯零件, 如其大、小外圆的公差值在 IT7 级以内, 在程序编制正确的情况下, 小外圆尺寸在公差以内, 而大外圆尺寸却不对, 或者相反; 镗阶梯孔也是如此。零件加工过程中如出现此类加工误差, 除考虑机床定位精度、装夹方式影响外, 要考虑刀具对零件加工的影响。下面就刀具刀尖高误差对加工零件尺寸精度的影响做一下分析。

图 5.3−3 所示为大圆半径为 OC、小圆半径为 OF 的阶梯轴零件, $AC = BE$ 为两圆半径差。当车刀刀尖和工件回转轴心线等高时, 车削的台阶尺寸以 OF 为半径; 当车刀刀尖低于或高于工件轴心线时, 若大圆直径符合图样要求, 则小圆半径为 OA。也就是说从大圆开始车削至数控程序设定值时, 小圆柱没有达到编程尺寸要求, 明显存在误差。

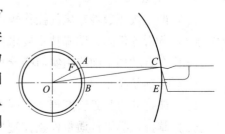

图 5.3−3　刀尖高低对工件直径的影响

从图 5.3 – 3 中可以看出，对于加工高精度的阶梯轴（孔）类零件，刀尖高误差的影响往往不能忽视，特别是两轴（孔）的直径相差越大，刀尖高的误差对尺寸精度的影响也就越大。

5.3.3　端面粗车复合循环指令应用

1. 编程实例

如图 5.3 – 4 所示零件图，编写加工程序，完成零件加工。

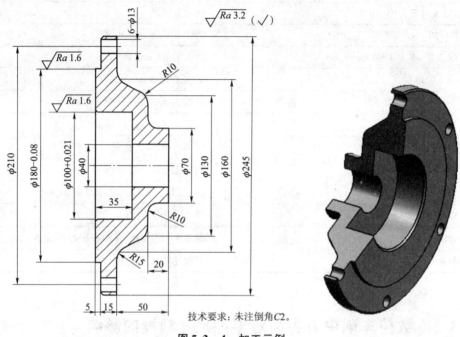

图 5.3 – 4　加工示例

2. 实训目的

（1）合理组织工作位置，注意操作姿势，养成良好的操作习惯。

（2）掌握盘类零件车削程序编制，熟练运用 G、M、S、T 指令。

（3）掌握程序编辑、输入、校验和修改的技能。

（4）提高量具使用的技能。

（5）按图要求完成工件的车削加工，理解粗车与精车的概念。

3. 实训要求

（1）严格按照数控车床的操作规程进行操作，防止人身、设备事故的发生。

（2）分析零件图，明确技术要求。

（3）在自动加工前应由实习指导教师检查各项调试是否正确方可进行加工。

（4）正确装夹车刀。

（5）能判断刀具是否磨损、切削参数选择是否合理。

（6）掌握盘类零件质量检查及测量方法。

4．加工实例工艺分析

1）零件精度及加工方法分析

（1）零件加工精度分析。

该零件表面由内外圆柱面、顺圆弧、逆圆弧等表面组成，其中多个直径尺寸与轴向尺寸有较高的尺寸精度和表面粗糙度要求。零件图尺寸标注完整，符合数控加工尺寸标注要求；轮廓描述清楚完整；零件材料为 45#钢，加工切削性能较好，无热处理和硬度要求。

如图 5.3 – 4 所示零件，精度要求较高的是 $\phi180$ mm 和 $\phi100$ mm 两配合面，加工中应注意保证两处尺寸精度及表面粗糙度要求。

（2）加工方法分析。

如图 5.3 – 4 所示零件属盘类零件，外圆柱的尺寸公差为负值，内孔公差为正值，加工中可以通过修改刀具磨损值的方式控制。本例先加工 $\phi180$ mm 内孔和 $\phi100$ mm 外圆侧，后加工右侧，最后加工 6 – $\phi13$ mm 通孔。

2）制定加工方案

如图 5.3 – 4 所示零件属典型的盘类零件，可采用 G72 端面循环指令编辑加工程序。

3）编程原点的确定

根据零件图尺寸标注基准即设计基准，考虑编程对刀方便，将该零件工件坐标原点设在右端面与主轴中心线的交线处。

4）数值计算

该零件无特殊点位计算。

5）工件装夹、定位及刀具的选用

根据提供的零件材料，选用三爪自定心卡盘装夹。外圆粗、精刀具选用 93°外圆车刀；95°端面车刀；$\phi38$ mm 钻头；95°端面车刀刀体及刀片，如图 5.3 – 5 所示。

6）确定加工参数

根据被加工表面质量要求、刀具材料和工件材料，参考切削用量手册或有关资料选取切削速度与每转进给量，然后利用公式 $v_c = \dfrac{\pi d n}{1\ 000}$ 计算主轴转速与进给速度（计算过程略）。

背吃刀量的选择因粗、精加工而有所不同。粗加工时，在工艺系统刚性和机床功率允许的情况下，尽可能取较大的背吃刀量，以减少进给次数；精加工时，为保证零件表面粗糙度要求，背吃刀量一般取 0.1 ~ 0.4 mm 较为合适。（本教材给出的切削参数仅供教学参考。）

7）确定加工步骤

（1）三爪自定心卡盘装夹，手动钻顶尖孔；

（2）车 $\phi245$ mm 外圆；

（3）端面车刀车端面及 $\phi180$ mm 外圆；

（4）粗、精车内孔；

（5）调头装夹 $\phi245$ mm 外圆，粗、精车各轮廓；

（6）去除毛刺。

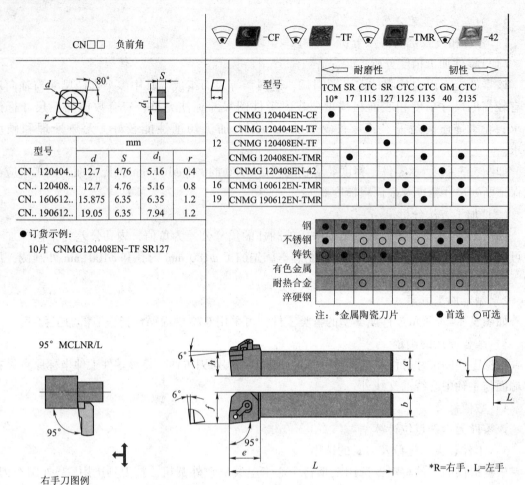

图 5.3 – 5　端面车刀刀体及刀片

5. 参考程序（见表 5.3 – 2）

表 5.3 – 2　参考程序

程序	说明
%0072	程序名
N10 T0101	换 1 号刀
N20 G00 X300 Z10 M03 S350	定位，主轴正转，转速为 350 r/min
N30 M00	程序暂停
N40 G00 X252 Z2	定位点
N50 G80 X246 Z – 25 F70	固定循环
N60 X245	
N70 G00 Z100	回换刀点
N80 T0202	换 2 号刀
N90 X246 Z2	定位
N100 G72 W3 R2 P110 Q160 X0.2 Z0.3 F70	端面粗加工循环
N110 G00 Z – 7.5	

程序	说明
N120 G01 X241 Z − 5	
N130 X180	
N140 Z0	
N150 X36	
N160 Z2	
N170 G00 X300	回到换刀点
N180 Z100	回到换刀点
N190 T0303	换 3 号刀
N200 G00 Z3 M03 S600	定位，主轴正转，转速为 600 r/min
N210 X36	定位
N220 G71 U1 R1 P230 Q290 X − 0.2 Z0 F60	内径粗加工循环
N230 G00 X104	加工内孔
N240 G01 Z0 F40	加工内孔
N250 X100 Z − 2	加工内孔
N260 Z − 35	加工内孔
N270 X40	加工内孔
N280 Z − 72	加工内孔
N290 X36	退刀
N300 Z100	退刀
N310 X300	
N320 M05	主轴停止
N330 M30	主程序停止并复位
％08721	程序名
N340 T0202 M03 S450	换 2 号刀，主轴正转，转速为 450 r/min
N350 G00 X252	定位
N360 Z36	
N370 G72 W3 R2 P380 Q440 X0.1 Z0.3 F80	端面粗加工循环
N380 G00 Z − 50	
N390 G01 X160 R15	
N400 G01 X130 Z − 20 R10	
N410 G01 X70 R10	
N420 Z0	
N430 X38	
N440 Z3	
N450 G00 X300	退刀
N460 Z150	
N470 M30	主程序结束并复位

<h1 style="text-align:center">《数控车床加工技术》实训报告单</h1>

实训项目＿＿＿＿＿＿＿＿＿＿＿＿＿＿＿＿＿＿＿＿ 成绩＿＿＿＿＿＿＿＿

班级＿＿＿＿＿ 学号＿＿＿＿＿ 姓名＿＿＿＿＿ 机床型号＿＿＿＿＿

一、实训目的与要求

二、实训内容简述

三、实训报告内容

1. 加工中出现的问题或难点：

2. 解决问题的方法：

四、质量检查

序号	检测项目	评分标准	自测	检测	项目得分
1					
2					
3					
4					
5					
6					
7					
8					
9					
10					
成绩					

五、教师点评

六、学习体会

5.4　闭环车削复合循环指令加工实例

金属经过锻造加工后能改善其组织结构和力学性能，经过锻造方法热加工变形后由于金属的变形和再结晶，使原来的粗大枝晶和柱状晶粒变为晶粒较细、大小均匀的等轴再结晶组织，使钢锭内原有的偏析、疏松、气孔、夹渣等压实和焊合，其组织变得更加紧密，提高了金属的塑性和力学性能。

一般来说，铸件的力学性能低于同材质的锻件力学性能。此外，锻造加工能保证金属纤维组织的连续性，使锻件的纤维组织与锻件外形保持一致，金属流线完整，可保证零件具有良好的力学性能及长的使用寿命。采用精密模锻、冷挤压、温挤压等工艺生产的锻件，其性能是铸件所无法比拟的。

随着铸、锻技术的不断提高及机械性能的要求，其已具备一定形状的零件毛坯广泛应用于生产。数控机床提供了闭环车削复合循环指令，大大减少了切削加工的空行程。

5.4.1　闭环车削复合循环指令

格式：

G73 U(ΔI) W(ΔK) R(r) P(ns) Q(nf) X(Δx) Z(Δz) F(f) S(s) T(t)

参数说明：

ΔI：X 方向的粗加工总余量；

ΔK：Z 方向的粗加工总余量；

r：粗切削次数；

ns：精加工路径第一程序段的顺序号；

nf：精加工路径最后程序段的顺序号；

Δx：X 方向精加工余量；

Δz：Z 方向精加工余量；

f，s，t：粗加工时 G71 中编程的 F，S，T 有效，而精加工时处于 ns 到 nf 程序段之间的 F，S，T 有效。

该功能在切削工件时刀具轨迹为如图 5.4 - 1 所示的封闭回路，刀具逐渐进给，使封闭切削回路逐渐向零件最终形状靠近，最终切削成工件的形状。这种指令能对铸造、锻造等粗加工中已初步成型的工件进行高效率切削。

注意：

ΔI 和 ΔK 表示粗加工时总的切削量，粗加工次数为 r，则每次 X，Z 方向的切削量为 $\Delta I/r$，$\Delta K/r$；按 G73 段中的 P 和 Q 指令值实现循环加工，要注意 Δx 和 Δz 及 ΔI 和 ΔK 的正负号。

加工如图 5.4 - 2 所示零件，参考程序见表 5.4 - 1。

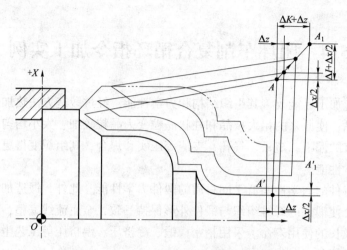

图 5.4 – 1　闭环车削复合循环指令轨迹

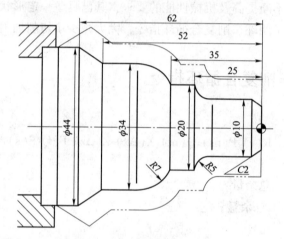

图 5.4 – 2　闭合循环加工示例

表 5.4 – 1　参考程序

程序	说明
%0073	
N10 T0101	换 1 号刀，调用 1 号刀具偏置值和补偿值
N20 M03 S1000	主轴正转，转速为 1 000 r/min
N30 G00 X60 Z5	到循环起点位置
N40 G73 U3 W0.9 R3 P50 Q130 X0.6 Z0.1 F200	闭环粗切循环加工
N50 G00 G42 X0 Z3 S1500	精加工轮廓开始，到倒角延长线处
N60 G01 U10 Z – 2 F150	精加工 C2 倒角
N70 Z – 20	精加工 φ10 mm 外圆
N80 G02 U10 W – 5 R5	精加工 R5 mm 圆弧
N90 G01 Z – 35	精加工 φ20 mm 外圆
N100 G03 U14 W – 7 R7	精加工 R7 mm 圆弧
N110 G01 Z – 52	精加工 φ34 mm 外圆

续表

程序	说明
N120 U10 W – 10	精加工锥面
N130 U10	退出已加工表面，精加工轮廓结束
N140 G00 G40 X80 Z80	返回程序起点位置
N150 M30	主程序结束并复位

5.4.2 内（外）径粗车复合循环指令应用

1. 编程实例

根据零件图 5.4 – 3 的要求，编写加工程序，完成零件加工。（毛坯为锻件，加工余量为 4 mm。）

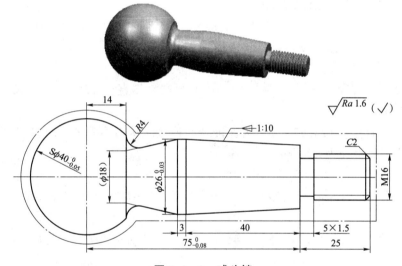

图 5.4 – 3 球头销

2. 实训目的

（1）合理组织工作位置，注意操作姿势，养成良好的操作习惯。

（2）掌握阶台轴车削程序编制，熟练运用 G、M、S、T 指令。

（3）掌握程序编辑、输入、校验和修改的技能。

（4）提高量具使用的技能。

（5）按图要求完成工件的车削加工，理解粗车与精车的概念。

3. 实训要求

1）严格按照数控车床的操作规程进行操作，防止人身、设备事故的发生。

2）分析零件图，明确技术要求。

3）在自动加工前应由实习指导教师检查各项调试是否正确方可进行加工。

4）正确装夹车刀。

5）能判断刀具是否磨损、切削参数选择是否合理。

6）掌握用阶台轴进行质量检查及测量的方法。

4. 加工实例工艺分析

1）零件精度及加工方法分析

（1）零件加工精度分析。

图 5.4－3 所示零件为典型的球型圆锥销，由精度要求较高的圆球、外圆、外圆锥及螺纹构成，表面质量要求较高，为 $Ra1.6\ \mu m$。

（2）加工方法分析。

① 对图样上带公差的尺寸，因公差值较小，编程时不必取平均值，而取基本尺寸即可。

② 该零件装配基准为左端圆球中心，加工锥面时应以球面为基准。

2）编程原点的确定

根据零件图尺寸标注基准即设计基准，考虑编程对刀方便，将该零件工件坐标原点设在右端面与主轴中心线的交线处。

3）制定加工方案、确定工艺路线

图 5.4－3 所示零件毛坯为锻造件，已具有一定的形状，为减少刀具空行程，可采用 G73 闭环车削复合循环指令编程。

4）数值计算

（1）圆锥小端直径：根据圆锥锥角 1∶10 及圆锥大端直径 $\phi26$ mm 可计算出圆锥的小端直径为 $\phi22$ mm。

（2）弦切处直径：$\phi28.57$ mm。为保证球面连接无接刀痕，加工时将圆弧延伸 2 mm，球的延伸后弦切弧直径为 $\phi24$ mm。

5）工件装夹、定位及刀具的选用

该零件使用三爪自定心卡盘装夹，使用尾座回转顶尖做辅助支撑，增强工艺系统的刚性。

选用 93°外圆车刀（刀尖角 35°），45°端面车刀，5 mm 切槽刀及螺距为 2 mm 的外螺纹车刀。

6）确定加工参数

根据被加工表面质量要求、刀具材料和工件材料，参考切削用量手册或有关资料选取切削速度与每转进给量，然后利用公式 $v_c = \pi dn/1\ 000$ 和 $v_f = n_f$，计算主轴转速与进给速度（计算过程略）。本例中，外轮廓直径变化较大，且表面质量要求较高，可使用主轴恒转速指令。

背吃刀量的选择因粗、精加工而有所不同。粗加工时，在工艺系统刚性和机床功率允许的情况下，尽可能取较大的背吃刀量，以减少进给次数；精加工时，为保证零件表面粗糙度要求，背吃刀量一般取 0.1～0.4 mm 较为合适。（本书给出的切削参数仅供教学参考。）

7）确定加工步骤

（1）车端面，粗车外圆，钻中心孔；

（2）粗车、精车球面；

（3）软卡爪夹持球面，车削外轮廓；

（4）切 5 mm 退刀槽；

（5）车螺纹。

5．参考程序（见表5.4-2）

表5.4-2　参考程序

程序	说明
％0073	程序名
N10 T0101	换1号刀
N20 G00 X48 M03 S1000	定位，主轴正转，转速为1 000 r/min
N30 Z34	定位
N40 G73 U2 W2 R2 P50 Q90 X0.5 Z0 F200	闭环粗加工循环
N50 G00 G42 X0 S2000	建立右刀补
N60 G01 Z0 F100	到达R40 mm圆弧起点
N70 G03 X24 Z-56 R40	加工R40 mm圆弧
N80 G01 W-3	直线插补
N90 G00 G40 X48	取消刀补
N100 G00 X150 Z10	退刀
N110 M05	主轴停止
N120 M30	主程序结束并复位
％0071	程序名
N130 T0101	换1号刀
N140 G00 X32 Z2 M03 S1000	定位，主轴正转，转速为1 000 r/min
N150 G71 U21.5 R2 P160 Q240 E0.5 F200	外径粗加工循环
N160 G00 G42 X12 S2000	建立右刀补，将转速调制2 000 r/min
N170 G01 Z0 F100	
N180 X16 Z-2	倒角
N190 Z-25	
N200 X22	
N210 X26 W-40	加工圆锥
N220 W-3	
N230 G01X18 Z-86 R4	
N240 G01 X32	
N250 G00 G40 X150	
N260 Z10	
⋮	
N270 M05	主轴停止
N280 M30	主程序结束并复位

重点提示

（1）正确安刀、对刀；正确使用测量工具，且测量准确。

（2）程序在输入后要养成用图形模拟的习惯，以保证加工的安全性。

（3）观察切屑状态，选择并调整切削用量。

（4）要按照操作步骤逐一进行相关训练，加工过程中严禁打开安全门。

（5）尺寸及表面粗糙度达不到要求时，要找出原因，知道正确的操作方法及注意事项。

《数控车床加工技术》实训报告单

实训项目_____　　成绩_____

班级_____　　学号_____　　姓名_____　　机床型号_____

一、实训目的与要求

二、实训内容简述

三、实训报告内容

1. 加工中出现的问题或难点：

2. 解决问题的方法：

四、质量检查

序号	检测项目	评分标准	自测	检测	项目得分
1					
2					
3					
4					
5					
6					
7					
8					
9					
10					
成绩					

五、教师点评

六、学习体会

思考与练习

1. 数控加工中零件图样分析的主要内容是什么？
2. 如何选择零件数控加工部分的工序？
3. 制定数控加工工艺路线的基本原则是什么？
4. 结合实际加工，分析刀尖高（低）与中心线对零件尺寸误差的影响。
5. 根据 G73 指令刀具运行轨迹，分析该指令的应用范围。
6. 完成图 5.4 - 4 ~ 图 5.4 - 7 所示零件的数控加工工艺设计及加工程序的编制。

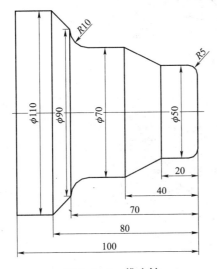

图 5.4 - 4　锥度轴

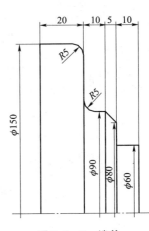

图 5.4 - 5　端盖

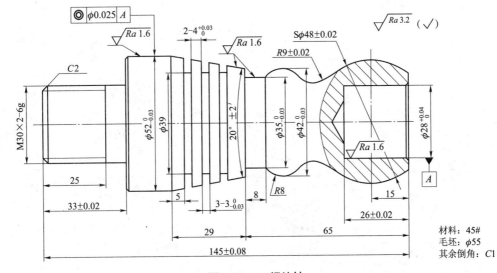

图 5.4 - 6　螺纹轴

材料：45#
毛坯：$\phi55$
其余倒角：C1

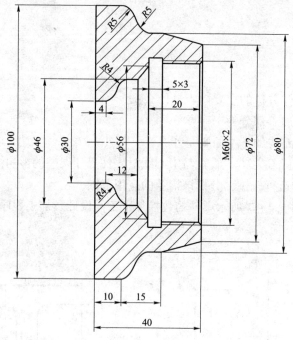

材料：45#
毛坯：ϕ105
其余倒角：C1

图 5.4 – 7   螺纹套

第6章 子程序应用实例

数控机床编程指令提供了简单循环和复合循环指令，大大简化了程序的编制。在实际编程应用中，对重复出现的轮廓，编程时可将该轮廓编制成固定的程序，通过子程序调用指令多次调用，不仅程序量减少，而且修改方便。

本章主要介绍以下几方面内容：

（1）子程序编程基础知识。

（2）轴类零件子程序加工。

通过本章的学习，掌握轴类零件的工艺特性、阶梯轴加工方法，熟练运用数控车床加工阶台轴。

6.1 子程序编程

6.1.1 子程序

1. 子程序的概念

1）子程序的定义

数控机床加工程序可以分为主程序和子程序两种。主程序是一个完整的零件加工程序，或者是一个零件加工程序的主体部分，它与被加工零件或加工要求一一对应，不同的零件或不同的加工要求，都有唯一的主程序与之对应。

在编制加工程序中，有时会遇到一组程序段在一个程序中多次出现，或者在几个程序中都要使用它，这个典型的加工程序可以做成固定程序，并单独加以命名，这组程序段就称为子程序。

子程序通常不可以作为独立的加工程序使用，它只通过主程序进行调用，实现加工中的局部动作。子程序执行结束后，能自动返回到调用它的主程序中。

2）子程序的嵌套

为进一步简化加工程序，可以允许其子程序再调用另一个子程序，这一功能称为子程序的嵌套。但主程序调用子程序时，该子程序被认为是一级子程序。华中数控系统（HNC-21T）中的子程序允许8级嵌套，FANUC 0 系统允许4级子程序嵌套。图6.1-1所示为8级子程序。

2. 子程序调用（M98）及子程序返回（M99）

M98 用来调用子程序。

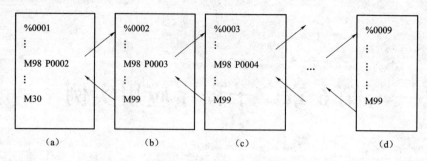

图 6.1 - 1 8 级子程序

(a) 主程序；(b) 一级子程序；(c) 二级子程序；(d) 八级子程序

M99 表示子程序结束，执行 M99 使控制返回到主程序。

1）子程序的格式

格式：

% × × × ×

…

M99

在子程序开头，必须规定子程序号，以作为调用入口地址。在子程序的结尾用 M99，以控制执行完该子程序后返回主程序。

2）调用子程序的格式

格式：

M98 P × × × × L × ×

参数说明：

P：被调用的子程序号；

L：重复调用次数。

注意：华中数控系统（HNC - 21T）数控车床进行子程序编程时，其调用的子程序应与主程序编写在同一文件名下，即在主程序结束 M30 后继续编写子程序并以 M99 指令结束。

3. 子程序编程实例 1

加工如图 6.1 - 2 所示零件，其参考程序见表 6.1 - 1。

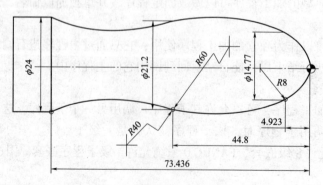

图 6.1 - 2

表 6.1 – 1　参考程序

程序	说明
％0061	主程序名
N10 T0101 X16 Z3	设立坐标系，定义对刀点的位置
N20 G42 G00 Z0 M03 1200	移到子程序起点处，主轴正转
N30 M98 P0003 L6	调用子程序，并循环 6 次
N40 G00 X16 Z1	返回对刀点
N50 G40	取消半径编程
N60 M05	主轴停止
N70 M30	主程序结束并复位
％0003	子程序名
N10 G01 U – 12 F100	进刀到切削起点处，注意留下后面切削的余量
N20 G03 U7. 385 W – 4. 923 R8	加工 R8 mm 圆弧段
N30 U3. 215 W – 39. 877 R60	加工 R60 mm 圆弧段
N40 G02 U1. 4 W – 28. 636 R40	加工 R40 mm 圆弧段
N50 G00 U4	离开已加工表面
N60 W73. 436	回到循环起点 Z 轴处
N70 G01 U – 4. 8 F100	调整每次循环的切削量
N80 M99	子程序结束，并回到主程序

6.1.2　子程序应用

1．编程实例

如图 6.1 – 3 所示，根据零件图样要求，编写加工程序，完成零件加工，不要求切断。材料：45#，ϕ50 mm × 150 mm。

2．实训目的

(1) 合理组织工作位置，注意操作姿势，养成良好的操作习惯。

(2) 掌握阶台轴车削程序编制，熟练运用子程序简化编程。

(3) 掌握程序编辑、输入、校验和修改技能。

(4) 掌握一夹一顶装夹方式零件程序的编制。

(5) 按图要求完成工件的车削加工，理解粗车与精车的概念。

3．实训要求

(1) 严格按照数控车床的操作规程进行操作，防止人身、设备事故的发生。

(2) 分析零件图，明确技术要求。

(3) 在自动加工前应由实习指导教师检查各项调试是否正确方可进行加工。

(4) 正确装夹车刀。

(5) 能判断刀具是否磨损、切削参数选择是否合理。

(6) 掌握阶台轴质量检查及测量方法。

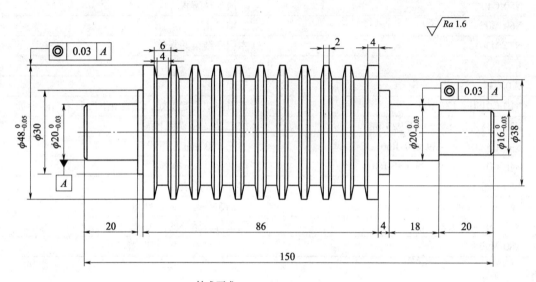

技术要求:
1.未注倒角C2。
2.去除毛刺。

图6.1-3 导轮轴

4．加工实例分析

1）零件精度及加工方法分析

（1）零件加工精度分析。

如图6.1-3所示零件包含外圆柱面和外圆沟槽，并有较高的同轴度要求；零件图尺寸标注完整，符合数控加工尺寸标注要求；轮廓描述清楚完整；零件材料为45#钢，加工切削性能较好，无热处理和硬度要求。

（2）加工方法分析。

如图6.1-3所示零件各外圆柱的尺寸公差皆为负值，可以通过修改刀具磨损值的方式调整控制。同轴度可通过先粗车后精车的工艺方法保证。

2）制定加工方案

如图6.1-3所示零件有10个尺寸、形状完全相同的环形沟槽，加工程序采用子程序编程，调整较为方便，且程序量较小。为保证形位精度要求，粗、精加工应严格分开。

3）编程原点的确定

根据零件图尺寸标注基准即设计基准，考虑编程对刀方便，将该零件工件坐标原点设在右端面与主轴中心线的交线处。

4）数值计算

该零件无特殊点位计算。

5）工件装夹、定位及刀具的选用

根据提供的零件材料，选用三爪自定心卡盘装夹，尾座加装回转顶尖作为辅助支撑，以增强零件加工刚性。外圆粗、精刀具选用90°外圆车刀；外圆沟槽选用 4 mm 切槽刀，刀体及刀片如图6.1–4 所示。

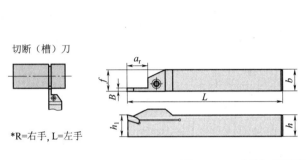

型号	mm			
	B	B_0	H	r
Q03	3.125	2.634	11.509	0.3
Q04	4.125	3.45	11.626	0.3
Q05	5.125	4.45	11.816	0.3
Q06	6.525	5.65	11.994	0.3

*R=右手，L=左手

图6.1–4　切断（切槽）车刀及刀片

6）确定加工参数

根据被加工表面质量要求、刀具材料和工件材料，参考切削用量手册或有关资料选取切削速度与每转进给量，然后利用公式 $v_c = \pi dn/1\,000$ 和 $v_f = n f$，计算主轴转速与进给速度（计算过程略）。

背吃刀量的选择因粗、精加工而有所不同。粗加工时，在工艺系统刚性和机床功率允许的情况下，尽可能取较大的背吃刀量，以减少进给次数；精加工时，为保证零件表面粗糙度要求，背吃刀量一般取 0.1 ~ 0.4 mm 较为合适。（本书给出的切削参数仅供教学参考。）

7）确定加工步骤

（1）三爪自定心卡盘装夹，夹持长度 30 mm，手动钻顶尖孔；

（2）加顶尖辅助支撑，粗车 ϕ48 mm 外圆，留 1 mm 精加工余量；

（3）调头装夹，夹持长度 10 mm，百分表找正，手动钻顶尖孔；

（4）加顶尖辅助支撑，粗车沟槽；

（5）粗车、精车 ϕ20 mm、ϕ30 mm、ϕ48 mm 外圆至成品；

（6）精车沟槽两侧；

（7）调头夹持 ϕ20 mm 外圆，顶尖辅助支撑，加工 ϕ16 mm、ϕ20 mm、ϕ30 mm 外圆至成品；

（8）夹持 ϕ20 mm 外圆，顶尖辅助支撑，粗、精车 ϕ20 mm、ϕ30 mm 阶台；

（9）去除尖角毛刺。

5. 参考程序

如图 6.1–3 所示零件在实际生产中，加工步骤（1）、（2）可在普通机床加工，以下程序将步骤（1）、（2）、（7）、（8）、（9）省略，见表6.1–2。

表 6.1-2   参考程序

程序	说明
%0098	程序名
N10 T0101	换 1 号刀
N20 G00 X50 Z2 M03 S1000	刀具定位，主轴正转，转速为 1 000 r/min
N30 G71 U2 R1 P140 Q220 X0.8 Z0.1 F150	外圆粗加工循环
N40 G00 X200	
N50 Z30	
N60 T0202	换 2 号刀
N70 G00 Z－24 S800	定位
N80 M98 P0981 L10	调用 0981 子程序 10 次
N90 G00 X200	
N100 Z20	
N110 T0101	换 1 号刀
N120 G00 Z2	定位
N130 X50 S1500	变换主轴转速
N140 G00 X16	倒角起点
N150 G01 Z0 F150	
N160 X20 W－2	倒角 C2
N170 Z－20	
N180 X30	
N190 W－2	
N200 X48	
N210 W－87	
N220 G00 X50	退刀
N230 X200	回到换刀点
N240 Z20	
N250 T0202	换 2 号刀
N260 G00 Z－24	定位
N270 X50 S1000	将转速变为 1 000 r/min
N280 M98 P0982 L10	调用 0982 子程序 10 次

程序	说明
N290 G00 X200	退刀
N300 Z20	
N310 M05	主轴停止
N320 M30	程序结束并复位
%0981	
N330 G00 W－8	
N340 G01 X38 F64	
N350 G00 X50	
N360 M99	
%0982	
N370 G00 W－12	
N380 G01 X48 F150	
N390 X38 W－1 F60	
N400 G00 X50	
N410 W－1	
N420 G01 X48 F150	
N430 X38 W1 F60	
N440 G00 X50	
N450 M99	

重点提示

（1）正确安刀、对刀；正确使用测量工具，且测量准确。

（2）编程时考虑装夹方式，合理选择进、退刀及换刀点。

（3）程序在输入后要养成用图形模拟的习惯，以保证加工的安全性。

（4）观察切屑状态，选择并调整切削用量。

（5）要按照操作步骤逐一进行相关训练，加工过程中严禁打开安全门。

（6）尺寸及表面粗糙度达不到要求时，要找出原因，知道正确的操作方法及注意事项。

《数控车床加工技术》实训报告单

实训项目 _____   成绩 _____

班级 _____   学号 _____   姓名 _____   机床型号 _____

一、实训目的与要求

二、实训内容简述

三、实训报告内容

1. 加工中出现的问题或难点：

2. 解决问题的方法：

四、质量检查

序号	检测项目	评分标准	自测	检测	项目得分
1					
2					
3					
4					
5					
6					
7					
8					
9					
10					
成绩					

五、教师点评

六、学习体会

6.2　子程序加工梯形螺纹

6.2.1　梯形螺纹加工的工艺分析

1. 梯形螺纹的尺寸计算

1）梯形螺纹的代号

梯形螺纹的代号用字母"Tr"及公称直径×螺距表示，单位均为 mm。左旋螺纹需在尺寸规格之后加注"LH"，右旋则不用标注。例如 Tr36×6，Tr44×8LH 等。

国标规定，公制梯形螺纹的牙型角为30°。梯形螺纹的牙型如图6.2-1所示，各基本尺寸计算公式见表6.2-1。

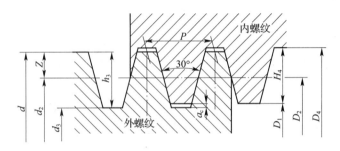

图 6.2-1　梯形螺纹的牙型

表 6.2-1　梯形螺纹各部分名称、代号及计算公式　　　　　mm

名称	代号	计算公式		
牙项间隙	a_c	P	1.5~5	6~12	14~44
		a_c	0.25	0.5	1
大径	d、D_4	d = 公称直径，$D_4 = d + a_c$		
中径	d_2、D_2	$d_2 = d - 0.5P$，$D_2 = d_2$		
小径	d_3、D_1	$d_3 = d - 2h_3$，$D_1 = d - P$		
牙高	h_3、H_4	$h_3 = 0.5P + a_c$，$H_4 = h_3$		
牙顶宽	f、f'	f、$f' = 0.366P$		
牙槽底宽	W、W'	W、$W' = 0.366P - 0.536a_c$		

2. 梯形螺纹在数控车床上的进刀方法

1）直进法

直进法，即螺纹车刀 X 向间歇进给至牙深处，如图6.2-2（a）所示。采用此种方法加工梯形螺纹时，螺纹车刀的三面都参加切削，导致加工排屑困难，切削力和切削热增加，刀尖磨损严重。当进刀量过大时，还可能产生"扎刀"和"爆刀"现象。数控车床可采用指令 G92 来实现，但是很显然，这种方法是不可取的。

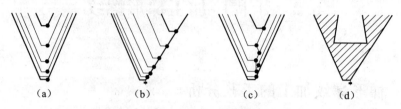

图6.2-2 车削梯形螺纹的进刀方法

2）斜进法

螺纹车刀沿牙型角方向斜向间歇进给至牙深处，如图6.2-2（b）所示。采用此种方法加工梯形螺纹时，螺纹车刀始终只有一个侧刃参加切削，从而使排屑比较顺利，刀尖的受力和受热情况有所改善，在车削中不易引起"扎刀"现象。该方法在数控车床上可采用 G76 指令来实现。

3）交错切削法

螺纹车刀沿牙型角方向交错间隙进给至牙深，如图6.2-2（c）所示。

切槽刀粗切槽法。该方法先用切槽刀粗切出螺纹槽，如图6.2-2（d）所示，再用梯形螺纹车刀加工螺纹两侧面。这种方法的编程与加工在数控车床上较难实现。

3. 梯形螺纹测量

梯形螺纹的测量分综合测量、三针测量和单针测量三种。综合测量用螺纹规测量，中径的三针测量与单针测量如图6.2-3所示，计算方法如下。

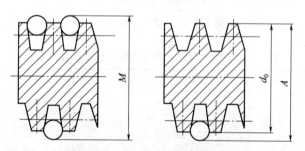

图6.2-3 梯形螺纹中径的测量

$$M = d_2 + 4.864d_D - 1.866P$$

式中，d_D——测量用量针的直径；

　　　P——螺距。

$$A = (M + d_0) / 2$$

式中，d_0——工件实际测量外径。

6.2.2 梯形螺纹编程实例

1. 编程实例

如图6.2-4所示零件，编写加工程序，完成零件加工。材料：45#钢，$\phi40$ mm×150 mm。

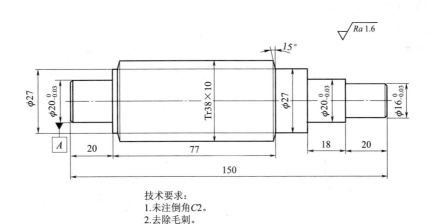

图 6.2 - 4 加工实例

2．实训目的

（1）合理组织工作位置，注意操作姿势，养成良好的操作习惯。

（2）掌握利用子程序编制大螺距螺纹加工程序的编程技巧。

（3）掌握程序编辑、输入、校验、修改的技能。

（4）按图纸要求完成工件的车削加工，理解粗车与精车的概念。

3．实训要求

（1）严格按照数控车床的操作规程进行操作，防止人身、设备事故的发生。

（2）分析零件图，明确技术要求。

（3）在自动加工前应由实习指导教师检查各项调试是否正确方可进行加工。

（4）正确装夹车刀。

（5）能判断刀具是否磨损、切削参数选择是否合理。

（6）掌握梯形螺纹质量检查及测量的方法。

4．加工实例分析

1）零件精度及加工方法分析

（1）零件加工精度分析。

如图 6.2 - 4 所示零件表面由外圆柱面、梯形螺纹等表面组成，其中多个直径尺寸的尺寸精度要求较高，表面粗糙度要求较高。零件图尺寸标注完整，符合数控加工尺寸标注要求；轮廓描述清楚完整；零件材料为 45# 钢，加工切削性能较好，无热处理和硬度要求。

（2）加工方法分析。

对于图样上的尺寸，因公差变化较小，故编程时取基本尺寸即可。零件刚性较差，需使用回转顶尖作为辅助支撑。

2）制定加工方案、确定工艺路线

加工顺序遵循在一次装夹中尽可能加工出较多的工件表面的原则。结合本零件的结构特征，利用 G71 粗加工复合循环指令粗、精加工外轮廓的各个表面。

3）编程原点的确定

根据零件图尺寸标注基准即设计基准，考虑编程对刀方便，将该零件工件坐标原点设在右端面与主轴中心线的交线处。

4）数值计算

根据梯形螺纹计算公式可计算：螺纹小径为 $\phi27$ mm；螺纹中径为 $\phi33$ mm；刀头宽度为 1.928 mm，15°倒角，Z 轴长度为 2.6 mm，螺纹深度较大。本例中采用分层切削的方法加工，如图 6.2 – 5 所示。

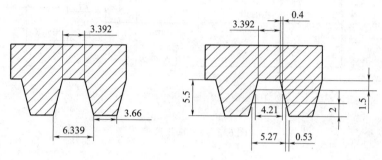

图 6.2 – 5　分层切削示意图

5）工件装夹、定位及刀具的选用

根据提供的零件材料，选用三爪自定心卡盘装夹，外圆粗、精刀具选用93°外圆车刀；梯形螺纹加工刀具选用手工刃磨刀具，刀头宽度2 mm。

6）确定加工参数

根据被加工表面质量要求、刀具材料和工件材料，参考切削用量手册或有关资料选取切削速度与每转进给量，然后利用公式 $v_c = \pi dn / 1\,000$ 和 $v_f = n f_r$，计算主轴转速与进给速度（计算过程略）。

背吃刀量的选择因粗、精加工而有所不同。粗加工时，在工艺系统刚性和机床功率允许的情况下，尽可能取较大的背吃刀量，以减少进给次数；精加工时，为保证零件表面粗糙度要求，背吃刀量一般取 0.1 ~ 0.4 mm 较为合适。（本书给出的切削参数仅供教学参考。）

7）确定加工步骤

（1）三爪自定心卡盘装夹；

（2）粗、精车外圆轮廓；

（3）车螺纹。

5. 梯形螺纹加工参考程序（见表6.2 – 2）

表 6.2 – 2　梯形螺纹加工参考程序

程序	说明
%0098	程序名
N10 T0303	换3号刀
N20 G00 X46 Z0 M03 S500	刀具定位，主轴正转，转速为500 r/min
N30 M98 P0001 L10	调用0001子程序，10次
N40 M98 P0002 L10	调用0002子程序，10次
N50 M98 P0003 L10	调用0003子程序，10次
N60 M98 P0004 L10	调用0004子程序，10次

续表

程序	说明
N70 M98 P0005 L10	调用 0005 子程序，10 次
N80 M98 P0006 L10	调用 0006 子程序，10 次
N90 G00 X100	退刀
N100 Z0	
N110 M05	主轴停止
N120 M30	程序停止并复位
%0001	子程序名
N10 G01 U−0.2 W−0.053 F100	
N20 G82 U−8 W−100 F10	螺纹加工
N30 M99	子程序结束
%0002	子程序名
N10 G01 U0 W−0.327 F100	
N20 G82 U−8 W−100 F10	螺纹加工
N30 M99	子程序结束
%0003	子程序名
N10 G01 U−0.2 W0.053 F100	
N20 G82 U−8 W−100 F10	螺纹加工
N30 M99	子程序结束
%0004	子程序名
N10 G01 U0 W0.221 F100	
N20 G82 U−8 W−100 F10	螺纹加工
N30 M99	
%0005	子程序名
N10 G01 U−0.15 W−0.04 F100	
N20 G82 U−8 W−100 F10	螺纹加工
N30 M99	子程序结束
%0006	子程序名
N10 G01 U0 W−0.139 F100	
N20 G82 U−8 W−100 F10	螺纹加工
N30 M99	子程序结束

重点提示 ✏️

（1）正确安刀、对刀，正确使用测量工具，测量准确；

（2）编程时考虑装夹方式，合理选择进、退刀及换刀点；

（3）程序在输入后要养成用图形模拟的习惯，以保证加工的安全性；

（4）观察切屑状态，选择并调整切削用量；

（5）要按照操作步骤逐一进行相关训练，加工过程中严禁打开安全门；

（6）尺寸及表面粗糙度达不到要求时，要找出原因，知道正确的操作方法及注意事项。

思考与练习

1. 完成图 6.2 - 6 所示零件工艺设计并编制其数控加工程序。

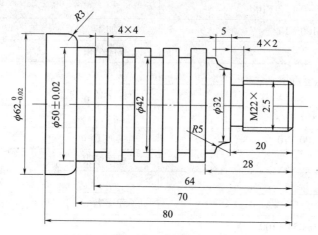

图 6.2 - 6　螺纹轴

2. 利用 HNC - 21T 系统子程序功能，完成图 6.2 - 7 所示零件的粗、精加工。

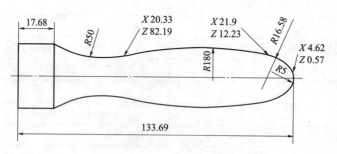

图 6.2 - 7　锉刀手柄

第 7 章　典型零件生产加工实例

现代数控机床及数控系统提供了各类零件加工指令和特殊功能，开放式数控系统更为用户对系统功能的开发提供了便利条件。但在实际加工中，对于某些具有特殊精度要求的零件，并不是靠先进的系统功能所能解决的，而是需要通过工艺的调整来保证。

本章主要介绍以下几方面内容：

(1) 工件定位基准的设计和选择。

(2) 尺寸链计算。

(3) 轴套零件加工实例。

通过本章的学习，掌握数控车削加工工艺设计的基本要求，设计简单零件加工工艺，利用复合循环指令完成零件程序的编制及零件加工。

7.1　零件的基准

7.1.1　工件的定位

工件在夹具中的定位实际上是以工件上的某些基准面与夹具上定位元件保持接触，从而限制工件的自由度。那么，究竟选择工件上哪些面与夹具的定位元件相接触为好呢？这就是定位基准的选择问题。定位基准的选择是工艺上一个十分重要的问题，它不仅影响着零件表面间的位置尺寸和位置精度，而且还影响着整个工艺过程的安排和夹具的结构，必须十分重视。在介绍定位基准的选择原则之前，先介绍有关基准的一般知识。

1. 基准的概念及分类

基准的广义含义就是"依据"的意思。机械制造中所说的基准是指用来确定生产对象上几何要素间的几何关系所依据的那些点、线、面。根据作用和应用场合不同，基准可分为设计基准和工艺基准两大类，工艺基准又可分为工序基准、定位基准、测量基准和装配基准。

1) 设计基准

零件图上用以确定零件上某些点、线、面位置所依据的点、线、面。

2) 工艺基准

零件加工与装配过程中所采用的基准，称为工艺基准。它主要包括以下几种。

(1) 工序基准。

工序图上用来标注本工序加工的尺寸和形位公差的基准。实质来说，其与设计基准有相似之处，只不过是工序图的基准。工序基准大多与设计基准重合，有时为了加工方便，也有与设计基准不重合而与定位基准重合的。

（2）定位基准。

加工中，使工件在机床上或夹具中占据正确位置所依据的基准。如用直接找正法装夹工件，找正面是定位基准；用划线法找正法装夹，所划线为定位基准；用夹具装夹，工件与定位元件相接触的面是定位基准。作为定位基准的点、线、面，可能是工件上的某些面，也可能是看不见摸不着的中心线、中心平面和球心等，往往需要通过工件某些定位表面来体现，这些表面称为定位基面。例如用三爪自定心卡盘夹持工件外圆，体现以轴线为定位基准、外圆面为定位基面。严格地说，定位基准与定位基面有时并不是一回事，但可以替代，这中间存在一个误差问题，有关这个问题在夹具设计一章讲授。

（3）测量基准。

工件在加工中或加工后测量时所用的基准。

（4）装配基准。

装配时，用以确定零件在部件或产品中的相对位置所采用的基准。

上述各类基准应尽可能使其重合。如在设计机器零件时，应尽可能以装配基准作设计基准，以便直接保证装配精度。在编制零件加工工艺规程时，应尽量以设计基准作工序基准，以便直接保证零件的加工精度。在加工和测量工件时，应尽量使定位基准和测量基准与工序基准重合，以便消除基准不重合误差。

2. 定位基准的选择

定位基准有粗基准和精基准之分。零件开始加工时，所有的面均未加工，只能以毛坯面作定位基准，这种以毛坯面为定位基准的，称为粗基准。以后的加工，必须以加工过的表面作定位基准，这种以加工过的表面为定位基准的称为精基准。在加工中，首先使用的是粗基准；但在选样定位基准时，为了保证零件的加工精度，首先考虑的是选择精基准，精基准选定以后，再考虑合理地选择粗基准。

1）精基准的选择原则

选择精基准时，重点考虑如何减少工件的定位误差，保证工件的加工精度，同时也要考虑工件装卸方便、夹具结构简单，一般应遵循下列原则：

（1）基准重合原则。

所谓基准重合原则是指以设计基准作定位基准，以避免基准不重合误差。

（2）基准统一原则。

当零件上有许多表面需要进行多道工序加工时，尽可能在各工序的加工中选用同一组基准定位，称为基准统一原则。基准统一可较好地保证各个加工面的位置精度，同时各工序所用夹具定位方式统一，夹具结构相似，可减少夹具的设计、制造工作量。

基准统一原则在机械加工中应用较为广泛，如阶梯轴的加工，大多采用顶尖孔作统一的定位基准；齿轮的加工，一般都以内孔和一个端面作统一定位基准加工齿坯、齿形；箱体零件加工大多以一组平面或一面两孔作统一定位基准加工孔系和端面；在自动机床或自动线上，一般也需遵循基准统一原则。

（3）自为基准原则。

有些精加工工序，为了保证加工质量，要求加工余量小而均匀，采用加工面自身作定位基准，称为自为基准原则。

（4）互为基准原则。

为了使加工面获得均匀的加工余量及加工面间有较高的位置精度，可采用加工面间互为基准反复加工。例如加工精度和同轴度要求高的套筒类零件，精加工时，一般先以外圆定位磨削内孔，再以内孔定位磨削外圆。

（5）装夹方便原则。

所选的定位基准应能使工件定位稳定、夹紧可靠、操作方便，且夹具结构简单。

以上介绍了精基准选择的几项原则，每项原则只能说明一个方面的问题，理想的情况是使基准既"重合"又"统一"，同时又能使定位稳定、可靠，操作方便，且夹具结构简单。但实际运用中往往会出现相互矛盾的情况，这就要求从技术和经济两方面进行综合分析，抓住主要矛盾，进行合理选择。

还应指出，工件上的定位精基准一般应是工件上具有较高精度要求的重要工作表面，但有时为了使基准统一或定位可靠、操作方便，常人为地制造一种基准面，这些表面在零件的工作中并不起作用，仅仅在加工中起定位作用，如顶尖孔、工艺搭子等。这类基准称为辅助基准。

2）粗基准的选择原则

选择粗基准时，重点考虑如何保证各个加工面都能分配到合理的加工余量，保证加工面与非加工面的位置尺寸和位置精度，同时还要为后续工序提供可靠精基准。具体选择一般应遵下列原则：

（1）为了保证零件各个加工面都能分配到足够的加工余量，应选择加工余量最小的面为粗基准。

（2）为了保证零件上加工面与不加工面的相对位置要求，应选择非加工面为粗基准；当零件上有几个加工面时，应选择与加工面的相对位置要求不高的加工面为粗基准。

（3）为了保证零件上重要表面加工余量均匀，应选择重要表面为粗基准。零件上有些重要工作表面精度很高，为了达到加工精度要求，在粗加工时就应使其加工余量尽量均匀。

（4）为了使定位稳定、可靠，应选毛坯尺寸和位置比较可靠、平整光洁表面作为粗基准。作为粗基准的面应无锻造飞边和铸造浇冒口、分型面及毛刺等缺陷，用夹具装夹时，还应使夹具结构简单、操作方便。

（5）粗基准应尽量避免重复使用，特别是在同一尺寸方向上只允许装夹使用一次。因粗基准是毛面，表面粗糙、形状误差大，如果二次装夹使用同一粗基准，两次装夹中加工出的表面就会产生较大的相互位置误差。

7.1.2　尺寸链

当工序基准、测量基准、定位基准或编程原点与设计基准不重合时，工序尺寸及其公差的确定，就需要借助于工艺尺寸链的基本知识和计算方法，通过解工艺尺寸链才能获得。

1. 尺寸链的定义

在机器装配或零件加工过程中，由相互连接的尺寸形成的封闭尺寸组，称为尺寸链。

如图 7.1 – 1 所示，用零件的表面 1 定位加工表面 2 得尺寸 A_1，再加工表面 3 得尺寸 A_2，自然形成 A_0，于是 $A_1 \rightarrow A_2 \rightarrow A_0$ 连接成了一个封闭的尺寸组（图 7.1 – 1（b）），形成尺寸链。

在机械加工过程中，同一工件的各有关尺寸组成的尺寸链称为工艺尺寸链。

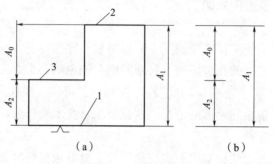

（a）　　　　　　　　　　（b）

图 7.1 – 1　尺寸链

2. 工艺尺寸链的特征

（1）尺寸链由一个自然形成的尺寸与若干个直接得到的尺寸所组成。

在图 7.1 – 1 中，尺寸 A_1、A_2 是直接得到的尺寸，而 A_0 是自然形成的。其中自然形成的尺寸大小和精度受直接得到的尺寸大小和精度的影响，并且自然形成的尺寸精度必然低于任何一个直接得到的尺寸的精度。

（2）尺寸链一定是封闭的且各尺寸按一定的顺序首尾相接。

3. 尺寸链的组成及分类

组成尺寸链的各个尺寸称为尺寸链的环。在图 7.1 – 1 中，A_1、A_2、A_0 都是尺寸链的环，它们可以分为以下几种。

1）封闭环

在加工（或测量）过程中最后自然形成的环称为封闭环，如图 7.1 – 1 中的 A_0。每个尺寸链必须有且仅有一个封闭环，用 A_0 来表示。

2）组成环

在加工（或测量）过程中直接得到的环称为组成环。尺寸链中除了封闭环外，都是组成环。按其对封闭环的影响，组成环又可分为增环和减环。

（1）增环：尺寸链中，由于该类组成环的变动引起封闭环同向变动，则该类组成环称为增环，如图 7.1 – 1 中的 A_1。增环用 A_1 来表示。

（2）减环：尺寸链中，由于该类组成环的变动引起封闭环反向变动，则该类组成环称为减环，如图 7.1 – 1 中的 A_2。减环用 $\overline{A}$ 来示。

同向变动是指组成环增大时，封闭环也增大，组成环减小时，封闭环也减小；反向变动是指组成环增大时，封闭环减小，组成环减小时，封闭环增大。

4. 如何判定封闭环

工艺尺寸链的建立并不复杂，但在尺寸链的建立中，封闭环的判定和组成环的查找却应引起初重视。因为封闭环的判定错误，整个尺寸链的解算将得出错误的结果；组成环查找不对，将得不到最少链环的尺寸链，解算的结果也是错误的。下面将分别予以讨论。

1）封闭环的判定

在工艺尺寸链中，封闭环是加工过程中自然形成的尺寸。因此，封闭环是随着零件加工方案的变化而变化的。如图7.1-2所示的零件，当以表面3定位加工表面1而获得尺寸A_1，然后以表面1为测量基准加工表面2而直接获得尺寸A_2时，自然形成尺寸A_0而成为封闭环；但以加工过的表面1为测量基准加工表面2直接获得尺寸A_2，再以表面2为定位基准加工表面3直接获得尺寸A_0，此时尺寸A_1便为自然形成而成为封闭环。

因此，封闭环的判定必须根据零件加工的具体方案，紧紧抓住"自然形成"这一要领。

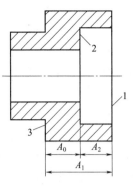

图 7.1-2　尺寸链

2）组成环的查找

组成环查找的方法，从构成封闭的两表面开始，同步地按照工艺过程的顺序，分别向前查找各表面最后一次加工的尺寸，之后再进一步查找此加工尺寸的工序基准的最后一次加工时的尺寸，如此继续向前查找，直到两条路线最后得到的加工尺寸的工序基准重合（即两者的工序基准为同一表面），至此上述尺寸系统即形成封闭轮廓，从而构成了工艺尺寸链。

查找组成环必须掌握的基本特点为：组成环是在加工过程中"直接获得"的，而且对封闭环有影响。

下面以图7.1-3为例，说明尺寸链建立的具体过程。图7.1-3所示为套类零件，为便于讨论问题，图中只标注出轴向设计尺寸，轴向尺寸加工顺序安排如下：

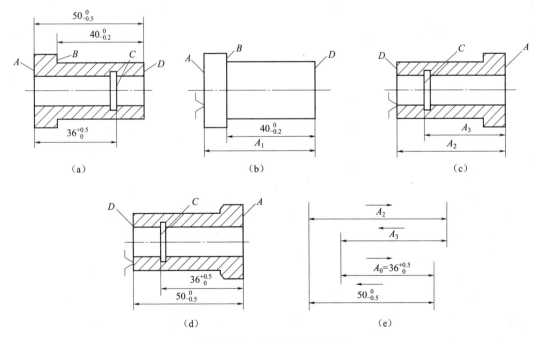

图 7.1-3　尺寸链的建立过程

（1）以大端面A定位，车端面D获得A_1，并车小外圆至B面，保证长度$40_{-0.2}^{0}$ mm，如图7.1-3（b）所示；

（2）以端面 D 定位，精车大端面 A 获得尺寸 A_2，并在车大孔时车端面 C，获得孔深尺寸 A_3，如图 7.1-3（c）所示；

（3）以端面 D 定位，磨大端面 A 保证全长尺寸 $50_{-0.5}^{\ 0}$ mm，同时保证孔深尺寸为 $36_{\ 0}^{+0.5}$ mm，如图 7.1-3（d）所示。

由以上工艺过程可知，孔深设计尺寸 $36_{\ 0}^{+0.5}$ mm 是自然形成的，应为封闭环。从构成封闭环的两界面 A 和 C 开始查找组成环，A 面的最近一次加工是磨削，工艺基准是 D 面，直接获得的尺寸是 $50_{-0.5}^{\ 0}$ mm；C 面的最近一次加工是车孔时的车削，测量基准是 A 面，直接获得的尺寸是 A_3。显然上述两尺寸的变化都会引起封闭环的变化，是欲查找的组成环。但此两环的工序基准各为 D 面与 A 面，不重合，为此要进一步查找最近一次加工 D 面和 A 面的加工尺寸。A 面的最近一次加工是精车 A 面，直接获得的尺寸是 A_2，工序基准为 D 面，正好与加工尺寸 $50_{-0.5}^{\ 0}$ mm 的工序基准重合，而且 A_2 的变化也会引起封闭环的变化，应为组成环。至此，找出 A_2、A_3、$50_{-0.5}^{\ 0}$ mm 为组成环，$36_{\ 0}^{+0.5}$ mm 为封闭环，它们组成了一个封闭的尺寸链，如图 7.1-3（e）所示。

5．工艺尺寸链计算的基本公式

工艺尺寸链的计算方法有两种：极值法和概率法。目前生产中多采用极值法计算，下面以图 7.1-4 为例，介绍极值法计算的基本公式，概率法将在装配尺寸链中介绍。

1）封闭环基本尺寸

封闭环的基本尺寸 $A_{\sum}$ 等于所有增环的基本尺寸之和减去所有减环的基本尺寸之和，即：

$$A_{\sum} = \sum_{i=1}^{m} A_i - \sum_{j=m+1}^{n-1} A_j$$

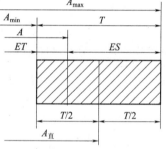

图 7.1-4　极值法计算

式中，m——增环数目；

n——包括封闭环在内的总环数。

2）封闭环的极限尺寸

封闭环最大极限尺寸 $A_{\sum \max}$ 等于所有增环的最大极限尺寸 $A_{i\max}$ 之和减去所有减环的最小极限尺寸 $A_{j\min}$ 之和，即：

$$A_{\sum \max} = \sum_{i=1}^{m} A_{i\max} - \sum_{j=m+1}^{n-1} A_{j\min}$$

封闭环最小极限尺寸 $A_{\sum \min}$ 等于所有增环的最小极限尺寸 $A_{i\min}$ 之和减去所有减环的最大极限尺寸 $A_{j\max}$ 之和，即：

$$A_{\sum \min} = \sum_{i=1}^{m} A_{i\min} - \sum_{j=m+1}^{n-1} A_{j\max}$$

3）封闭环的平均尺寸

封闭环的平均尺寸 $A_{\sum M}$ 等于所有增环的平均尺寸 A_{iM} 之和减去所有减环的平均尺寸 A_{jM} 之和，即：

$$A_{\sum M} = \sum_{i=1}^{m} A_{iM} - \sum_{j=m+1}^{n-1} A_{jM}$$

4）封闭环极限偏差

封闭环的上偏差 $ESA_{\sum}$ 等于所有增环的上偏差 ESA_i 之和减去所有减环的下偏差 EIA_j 之和，即：

$$EAS_{\sum} = \sum_{i=1}^{m} ESA_i - \sum_{j=m+1}^{n-1} EIA_j$$

封闭环的下偏差 $EIS_{\sum}$ 等于所有增环的上偏差 EIA_i 之和减去所有减环的下偏差 ESA_j 之和，即：

$$EIS_{\sum} = \sum_{i=1}^{m} EIA_i - \sum_{j=m+1}^{n-1} ESA_j$$

5）封闭环的公差

封闭环的公差 $TA_{\sum}$ 等于所有组成环 TA_i 之和，即：

$$TA_{\sum} = \sum_{i=1}^{n-1} TA_i$$

7.2　零件生产加工

1．编程实例

如图 7.2 – 1 所示零件图，编写小批量生产加工程序，完成零件加工。材料：45#钢，$\phi 80$ mm × 110 mm。

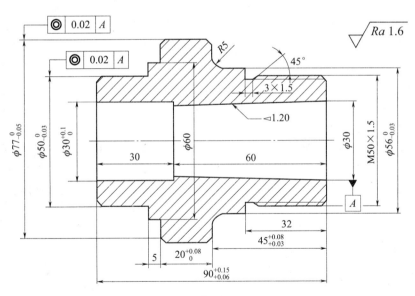

技术要求：
未注倒角C2。

图 7.2 – 1　加工实例

2．实训目的

（1）合理组织工作位置，注意操作姿势，养成良好的操作习惯。

（2）掌握轴套车削程序编制，熟练运用 G、M、S、T 指令。

（3）掌握程序编辑、输入、校验、修改的技能。

（4）提高量具使用的技能。

（5）按图样要求完成工件的车削加工，理解车削加工工艺基准及尺寸链的应用。

（6）掌握反偏刀对刀技巧。

3．实训要求

（1）严格按照数控车床的操作规程进行操作，防止人身、设备事故的发生。

（2）分析零件图，明确技术要求。

（3）在自动加工前应由实习指导教师检查各项调试是否正确方可进行加工。

（4）正确装夹车刀。

（5）能判断刀具是否磨损、切削参数选择是否合理。

（6）掌握轴套的质量检查及测量方法。

4．加工实例分析

1）零件精度及加工方法分析

（1）零件加工精度分析。

该零件表面由内外圆柱面、内圆锥面、顺圆弧、逆圆弧及外螺纹等表面组成，其中多个直径尺寸与轴向尺寸有较高的尺寸精度和表面粗糙度要求。零件图尺寸标注完整，符合数控加工尺寸标注要求；轮廓描述清楚完整；零件材料为45#钢，加工切削性能较好，无热处理和硬度要求。

（2）加工方法分析。

① 对图样上带公差的尺寸，因公差值较小，故编程时不必取平均值，而取基本尺寸即可。

② 左右端面均为多个尺寸的设计基准，相应工序加工前，应该先将左右端面车削加工出来。

③ 内孔尺寸较小，镗1:20锥孔时需掉头装夹。

2）制定加工方案、确定工艺路线

加工顺序的确定按由内到外、由粗到精、由近到远的原则确定，在一次装夹中尽可能加工出较多的工件表面。结合本零件的结构特征，可先加工内孔各表面，然后加工外轮廓表面。由于该零件为单件小批量生产，走刀路线设计可不必考虑最短进给路线或最短空行程路线，外轮廓表面车削走刀路线可沿零件轮廓顺序进行。

3）编程原点的确定

根据零件图尺寸标注基准即设计基准，考虑对刀方便，将该零件工件坐标原点设在右端面与主轴中心线的交线处。

4）数值计算

（1）圆锥孔小端直径：根据锥孔大端直径和锥度1:20可计算出圆锥小端直径27 mm。

（2）该零件的加工工艺决定加工过程中需计算尺寸链，根据尺寸链判定方法，在加工圆柱面长度 $20^{+0.08}_{0}$ mm 为封闭环，求得组成环尺寸为 $25^{+0.04}_{-0.02}$。

5）工件装夹、定位及刀具的选用

（1）内孔加工。

定位基准：内孔加工时以外圆定位；

装夹方式：用三爪自定心卡盘夹紧。

（2）外轮廓加工。

定位基准：确定零件轴线为定位基准；

装夹方式：加工外轮廓时，为保证一次安装加工出全部外轮廓，需要设一圆锥心轴装置（见图 7.2 - 2 双点画线部分），用三爪卡盘夹持芯轴左端，芯轴右端留有中心孔并用尾座顶尖顶紧以提高工艺系统的刚性。

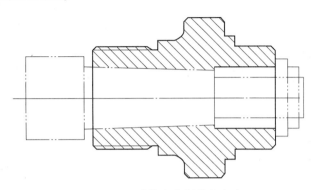

图 7.2 - 2　外轮廓车削装夹方案

刀具选择 45°端面车刀、93°偏刀、93°反偏刀和 $\phi26$ mm 钻头。

6）确定加工参数

根据被加工表面质量要求、刀具材料和工件材料，参考切削用量手册或有关资料选取切削速度与每转进给量，然后利用公式 $v_c = \pi dn / 1\,000$ 和 $v_f = nf$，计算主轴转速与进给速度（计算过程略）。

背吃刀量的选择因粗、精加工而有所不同。粗加工时，在工艺系统刚性和机床功率允许的情况下，尽可能取较大的背吃刀量，以减少进给次数；精加工时，为保证零件表面粗糙度要求，背吃刀量一般取 0.1 ~ 0.4 mm 较为合适。（本书给出的切削参数仅供教学参考。）

7）确定加工步骤

（1）装夹工件，材料伸出长度为 70 ~ 72 mm；

（2）车削端面、粗车外圆；

（3）手动钻 $\phi26$ mm 通孔；

（4）粗车、精车 1：20 锥孔；

（5）调头装夹，车端面，保证全长；

（6）车削 $\phi30$ mm 内孔；

（7）将半成品安装在心轴上，加顶尖辅助支撑加工外轮廓；

（8）车螺纹。

小批量零件加工时，遵循工序分散的原则，可将工序（2）~（4）、（3）~（5）、（7）~（8）分别安排机床加工。

8）数控加工工艺卡片拟订

将前面分析的各项内容综合成表 7.1 - 1 所示的数控加工工艺卡片。主轴转速、进给速度、背吃刀量等参数应根据所选择的刀片型号，结合机床及夹具系统刚性进行调整，在保证零件质量的同时提高生产效率。

表 7 –1. 1　数控加工工艺卡片

单位名称		产品名称或代号		零件名称		零件图号	
工序号	程序编号	夹具名称		使用设备		车间	
		三爪卡盘、自制心轴		CAK6140VA			
工步号	工步内容（单位：mm）	刀具号	刀具规格/mm	主轴转速/(r·min⁻¹)	进给速度/(mm·min⁻¹)	背吃刀量/mm	备注
1	车端面	T01	20×20			0.5	手动
2	钻 φ3 mm 中心孔	T02	φ3			1.5	手动
3	钻 φ26 mm 通孔	T03	φ26			13	手动
4	粗镗锥孔	T04	20×20			0.8	自动
5	精镗锥孔	T04	20×20			0.2	自动
6	车端面	T01	20×20			0.5	自动
7	粗镗 φ30 mm 内孔	T04	20×20			0.8	自动
8	精镗 φ30 mm 内孔	T04	20×20			0.2	自动
	心轴装夹						
9	从右至左粗车外轮廓	T05	20×20			1	自动
10	从左至右粗车外轮廓	T06	20×20			1	自动
11	从右至左精车外轮廓	T05	20×20			0.2	自动
12	从左至右精车外轮廓	T06	20×20			0.2	自动
13	车削螺纹（卡盘装夹）	T07	20×20				自动
编制	审核	审批		年　月　日		共　页	第　页

5. 参考程序
参考程序略。

重点提示

（1）正确安刀、对刀；正确使用测量工具，且测量准确。
（2）程序在输入后要养成用图形模拟的习惯，以保证加工的安全性。
（3）观察切屑状态，选择并调整切削用量。
（4）要按照操作步骤逐一进行相关训练，加工过程中严禁打开安全门。
（5）尺寸及表面粗糙度达不到要求时，要找出其中原因，知道正确的操作方法及注意事项。

复习与思考

1. 简述粗基准选择的基本原则。
2. 简述精基准选择的基本原则。
3. 如何判定增环、减环和封闭环?

第8章 宏指令编程及应用

单一循环和复合循环指令可以简化程序编制，应用于需通过多次重复切削才能加工至尺寸的零件加工，每个代码的功能是固定的，由系统厂家开发，使用者只需按规定编程即可。但有时，这些指令满足不了实际加工的需求，系统供应商还提供了用户宏程序功能，用户可以自己扩展数控系统的功能。这实际上是系统对用户的开放。

本章主要介绍以下几方面内容：

（1）B类用户宏程序。

（2）B类用户宏程序的应用。

通过本章的学习，掌握数控车削加工B类宏程序编程的基本要求，利用B类宏程序指令完成零件程序的编制及零件加工。

8.1 B类宏程序指令

反复进行同一切削动作时，使用子程序效果较好，但若使用用户宏程序，可使用运算指令、条件转移等功能，适于编制更简单、通用性更强的程序，并且可以像子程序一样，在加工程序中用简单的指令调用用户宏程序。我们把包含变量、跳转、比较判别等功能的指令称为宏指令，包含宏指令的程序称为宏程序。

宏程序的特点主要有以下几个方面：

（1）可以在宏程序主体中使用变量；

（2）可以进行变量之间的运算；

（3）可以使用宏程序指令对变量进行赋值。

HNC – 21/22T为用户配备了强有力的、类似于高级语言的宏程序功能，用户可以使用变量进行算术运算、逻辑运算和函数的混合运算，此外宏程序还提供了循环语句、分支语句和子程序调用语句，利于编制各种复杂的零件加工程序，减少乃至免除手工编程时进行烦琐的数值计算，以及精简程序量。

1. 变量的形式

变量是在符号"#"的后面加上变量号码所构成的，即：#i（i = 1，2，3…），如#2、#101；也可以用公式的形式，但此时必须用括号把公式括起来，即：#【表达式】，例如：#【#1 + #10 – 5】。

2. 变量的引用

在程序内引用变量时，是在地址后指定变量号。例如：G01 X【#101】，当#101 = 50. 时，与 G01 X50. 等同。

注意：（1）作为地址符的 O、N、/等，不能引用变量，例如：O【#3】是错误的。

（2）用程序定义变量时可以省略小数点，没有小数点变量的数值单位为各地址的最小设定单位。因此，传递没有小数点的变量，将会因机床的系统设置不同而发生变化，在宏程序调用中使用小数点可以提高程序的兼容性。

（3）被引用的变量值按各地址的最小设定单位进行四舍五入。例如：对于最小设定单位为 1/1 000 的 CNC 系统，当#3 = 23.423 7 时，若执行 G01 X【#3】，等同于 G01 X23.424；若要改变变量值的符号引用，需要在"#"前加上"－"，例如：G01 X【－#3】。

3. 未定义的变量

没有定义变量值的状态称为空变量，变量中"#0"通常为空变量，可以读取但不能写入。空变量不等于变量值为"0"的状态。

注意：引用未定义的变量时连同地址字无效，例如：当#2 为 0、#3 为 <空> 时，若执行 G00 X【#2】Z【#3】，等同于 G00 X0. 。

4. 变量种类

按变量号码可将变量分为局部（local）变量、公共（common）变量和系统（system）变量，其用途和性质有所不同。

1）局部变量

#0 ~ #49 为当前局部变量，所谓局部变量是指在宏程序中局部使用的变量，即在某一时刻调出的宏程序中所使用的局部变量#1 和另一时刻调用的宏程序，无论该程序与前一程序相同还是不同，其所使用的#1 与前一程序使用的#1 都是不同的。因此，在多重调用时，在宏指令地址 A 调用宏指令地址 B 的情况下，也不会将 A 中的变量破坏。

在 HNC – 21/22T 系统中还规定了子程序专用的局部变量，#200 ~ #249 为 0 层局部变量、#250 ~ #299 为 1 层局部变量、#300 ~ #349 为 2 层局部变量、#350 ~ #399 为 3 层局部变量、#400 ~ #449 为 4 层局部变量、#450 ~ #499 为 5 层局部变量、#500 ~ #549 为 6 层局部变量、#550 ~ #599 为 7 层局部变量。

2）公共变量

#50 ~ #199 为公共变量。与局部变量相对，公共变量是在主程序以及调用的子程序中通用的变量。因此，在某个宏程序中运算的公共变量的结果（如：#2）可以用到别的用户宏程序中。

3）系统变量

#1000 以上的变量为系统变量，系统变量是根据其用途而被固定的变量。如：#1000"机床当前位置 X"；#1001"机床当前位置 Y"；#1002"机床当前位置 Z"。

4）常量

PI：圆周率 π；TRUE：条件成立（真）；FALSE：条件不成立（假）。

5. 运算符

在数控加工宏程序编程中，变量与变量、变量与常数之间可以进行逻辑运算公差，见表 8.1 – 1。

表 8.1 – 1 变量与变量、变量与常数的逻辑运算

数	格式	备注
赋值	$\#i = \#j$	
求和	$\#i = \#j + \#k$	

续表

数	格式	备注
求差 乘积 求商	$\#i = \#j - \#k$ $\#i = \#j * \#k$ $\#i = \#j/\#k$	
正弦 余弦 正切 反正切	$\#i = SIN\ [\#j]$ $\#i = COS\ [\#j]$ $\#i = TAN\ [\#j]$ $\#i = ATAN\ [\#J]\ /\ [\#k]$	角度用十进制数表示
平方根 t 绝对值 四舍五入 向下取整 向上取整	$\#i = SQRT\ [\#j]$ $\#i = ABS\ [\#J]$ $\#I = ROUND\ [\#J]$ $\#I = FIX\ [\#J]$ $\#I = FUP\ [\#J]$	
或 OR 否 NOT 与 AND	$\#I = \#J\ OR\ \#K$ $\#I = \#J\ X\ OR\ \#K$ $\#I = \#J$	逻辑运算用二进制数按位操作
十—二进制转换 二—十进制转换	$\#I = BIN\ [\#J]$ $\#I = BCD\ [\#J]$	用于转换发送到 PMC 的信号 或从 PMC 接收的信号

变量之间进行运算的通常表达形式是:

$\#i =$ (表达式)

1) 变量的定义和替换

$\#i = \#j$

2) 加减运算

加 $\#i = \#j + \#k$ 减 $\#i = \#j - \#k$

3) 乘除运算

乘 $\#i = \#j \times \#k$ 除 $\#i = \#j \div \#k$

4) 函数运算

正弦函数 (单位为度) $\#i = SIN\ [\#j]$

余函数 (单位为度) $\#i = COS\ [\#j]$

正切函数 (单位为度) $\#i = TANN\ [\#j]$

反正切函数 (单位为度) $\#i = ATAN\ [\#j/\#k]$

平方根 $\#i = SQRT\ [\#j]$

取绝对值 $\#i = ABS\ [\#j]$

5) 运算的组合

以上算术运算和函数运算可以结合在一起使用,运算的先后顺序是:函数运算、乘除运算、加减运算。

6) 括号的应用

表达式中括号的运算将优先进行。连同函数中使用的括号在内,括号在表达式中最多可用 5 层。

7) 算术运算符:

$+$, $-$, $*$, $/$

8) 条件运算符

EQ (=), NE (≠), GT (>), GE (≥), LT (<), LE (≤)

9) 逻辑运算符

AND, OR, NOT

10) 函数

SIN, COS, TAN, ATAN, ATAN2, ABS, INT, SIGN, SQRT, EXP

(1) 运算的优先级。

函数→乘、除类运算→加、减类运算。

例如:

#2 = #3 + #4 ∗ SIN【#5】

其运算数序为: 函数 SIN【#5】→乘、除类运算#4 ∗ …→加、减类运算#3 + …。

(2) 括号的嵌套。

当要变更运算优先顺序时, 要使用括号 "【　】"。

例如:

#1 = COS【#2 ∗ 【#3 + #5】】

6. 循环语句 WHILE, ENDW

格式: WHILE < 条件表达式 > DO n

…

ENDW n

在条件成立期间执行 WHILE 之后到 ENDW 之间的程序, 条件不成立则执行 ENDW 后的下一程序段。需要注意的是 DO n 到 ENDW n 之间循环嵌套, 但不能执行交叉循环, 否则机床会报警。

宏变量编程常用于系列零件的加工, 此系列零件形状相同, 但有部分尺寸不同。如果将这些不同的尺寸用宏变量 (参数) 形式给出, 由程序自动对相关节点坐标进行计算, 则可用同一程序完成一个系列零件的加工。

以图 8.1 – 1 所示零件为例。该系列零件的右端面半球球径可取 $R15$ mm 和 $R10$ mm, 可将球径用变量表示。编程零件设在工件右端面中心, 棒料为 $\phi45$ mm。

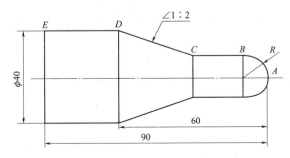

图 8.1 – 1　球头阶梯轴

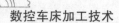

从图 6.1 – 1 中可以看出，编程所需节点，除 A、D、E 三点外，B、C 点均与球径 R 有关。表 8.1 – 2 中给出了各节点坐标。

表 8.1 – 2　各节点坐标

节点	坐标值	
	X	Z
A	0	0
B	$2R$	$-R$
C	$2R$	$-[60 - 2 \times (20 - R)] = -20 - 2R$
D	40	-60
E	40	-90

参考程序见表 8.1 – 3。

表 8.1 – 3　参考程序

程序	说明
%1001	
T0101	调用 1 号刀具，调用 1 号刀具偏置值及补偿值
G90 G00 M03 S800	
X45 Z2	定位到循环起点
#1 = 15	圆弧半径赋值
G71 U2 R1 P60 Q110 U0.5 W0 F150 S750	外径粗加工循环
G00 X0 S1200	
G03 X [2 * #1] Z [– #1] R [#1] F120	加工圆弧 AB
G01 Z [– 20 – 2 * #1]	加工外圆 BC
X40 Z – 60	加工圆锥面 CD
Z – 100	加工外圆 DE
X45	
G00 X100	退刀
Z200	退刀
M05	主轴停止
M30	程序停止并复位

8.2　宏程序应用实例

1. 编程实例

如图 8.2 – 1 所示零件图，编写加工程序，完成零件加工，不要求切断。材料：45#钢，$\phi30$ mm × 150 mm。

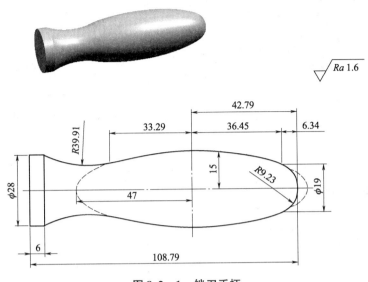

图 8.2 – 1 锉刀手柄

2．实训目的

（1）合理组织工作位置，注意操作姿势，养成良好的操作习惯。

（2）掌握利用宏指令编制非圆曲面加工程序的编程技巧。

（3）掌握 G71 指令程序编辑、输入、校验和修改的技能。

（4）按图要求完成工件的车削加工，理解粗车与精车的概念。

3．实训要求

（1）严格按照数控车床的操作规程进行操作，防止人身、设备事故的发生。

（2）分析零件图，明确技术要求。

（3）在自动加工前应由实习指导教师检查各项调试是否正确方可进行加工。

（4）正确装夹车刀。

（5）能判断刀具是否磨损、切削参数选择是否合理。

（6）掌握阶台轴的质量检查及测量方法。

4．加工实例分析

1）零件精度及加工方法分析

（1）零件加工精度分析。

图 8.2 – 1 所示零件表面由外圆柱面、顺圆弧、逆圆弧及参数曲线构成的非圆曲面等表面组成，其中多个直径尺寸与轴向尺寸的尺寸精度要求不高，表面粗糙度要求较高。零件图尺寸标注完整，符合数控加工尺寸标注要求；轮廓描述清楚完整；零件材料为 45# 钢，加工切削性能较好，无热处理和硬度要求。

（2）加工方法分析。

① 对于图样上的尺寸，因无公差要求，故编程时取基本尺寸即可。

② 右端面为多个尺寸的设计基准，加工前应该先将左右端面车削加工出来。

2）制定加工方案、确定工艺路线

加工顺序遵循在一次装夹中尽可能加工出较多的工件表面的原则。结合本零件的结构特征，利用 G71 粗加工复合循环指令嵌套宏指令的方法，粗、精加工外轮廓的各个表面。

3）编程原点的确定

根据零件图尺寸标注基准即设计基准，考虑编程对刀方便，将该零件工件坐标原点设在右端面与主轴中心线的交线处。

4）数值计算

（1）椭圆方程式。

极坐标方程：

$$\begin{cases} x = a \cdot \sin\theta \\ z = b \cdot \cos\theta \end{cases}$$

式中，a——X 向椭圆半轴长；

　　　b——Z 向椭圆半轴长；

　　　θ——椭圆上某点的圆心角，零角度在 Z 轴正向。

直角坐标方程：

$$\frac{x^2}{a^2} + \frac{z^2}{b^2} = 1$$

对椭圆轮廓，其方程有以上两种形式。对于粗加工，采用 G71/G72 走刀方式时，用直角坐标方程编程比较方便；而精加工（仿形加工）用极坐标方程编程比较方便。

（2）坐标值计算。

宏指令编程具有判断、逻辑运算的功能，因此，在运用宏变量编程时，只需根据图样给出运算的条件，通过系统提供的宏变量逻辑运算功能完成零件加工。

① 椭圆加工程序编制过程中，若采用参数方程编程，应注意角度变量 θ 的取值范围，其角度变量值绝非是通过 AutoCAD 等辅助绘图软件捕捉的角度。以本实例为例，其起始角度及终止角度计算如下：

起始角 θ_1：

$$\cos\theta = 36.45/47 = 0.776$$
$$\theta_1 = 39.15°$$

终止角 θ_2：

$$\cos\theta = 33.29/47 = 0.708, \quad \theta = 44.9°$$
$$\theta_2 = 180° - 44.9° = 135.1°$$

② 采用极坐标编程，其计算方法比较简便，根据椭圆极坐标方程，求出 X、Z 的方程式即可。整理后得：

$$Z = b \cdot \sqrt{1 - \frac{x^2}{a^2}}, \quad X = a \cdot \sqrt{1 - \frac{z^2}{b^2}}$$

5）工件装夹、定位及刀具的选用

根据提供的零件材料，选用三爪自定心卡盘装夹，外圆粗、精车刀具选用 93°外圆车刀；切断选用 4 mm 切断刀。

6）确定加工参数

根据选用的刀片涂层及槽型不同，查表（由刀具供应商提供），选择合理的切削参数。（本书给出的切削参数仅供教学参考。）

7）确定加工步骤

（1）三爪自定心卡盘装夹工件；

（2）粗、精车外圆轮廓；

（3）切断。

5．参考程序

1）以 Z 轴长度变化为自变量（见表 8.2－1）

表 8.2－1　以 Z 轴长度变化为自变量的参考程序

程序	说明
%0065	程序名
N10 T0101	换 1 号刀
N20 G00 X32 Z2 M03 S800	快速定位，主轴正转，转速为 800 r/min
N30 G71 U2 R1 P40 Q150 E0.5 Z0 F120	外径粗加工循环
N40 G42 G00 X0 S1500	
N50 G01 Z0 F150	
N60 G03 X18.8 Z－6.34 R9.23	圆弧插补
N70 #101 = 36.45	以 Z 轴为变量
N80 WHILE #101 GE ［－33.29］	Z 轴变量大于等于 － 33.29 mm
N90 #102 = 15 * SQRT ［1 － ［47 * 47］／［#101 * #101］］	根据 Z 轴变量，解出 X 值
N100 G01 X ［#102 * 2］ Z ［#101 － 42.79］	直线插补
N110 #101 = #101 － 0.1	
N120 ENDW	
N130 G02 X28. Z － 102.79 R39.91	顺圆弧插补
N140 G01 W － 10.5	直线插补
N150 G40 G00 X32	退刀
N160 G00 X100. Z100.	回换刀点
N170 T0202	换 2 号刀
N180 M03 S600	主轴正转，转速为 600 r/min
N190 G00 X32.	X 轴定位
N200 Z － 110.5	Z 轴定位
N210 G01 X2 F60	切断
N220 G00 X100.	
N230 Z100.	退刀
N240 M30	程序停止并复位

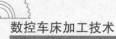

2）以角度变化为自变量（见表8.2 – 2）

表8.2 – 2　以角度变化为自变量的参考程序

程序	说明
%000 1	程序名
N10 T0101 M03 S700	换1号刀，主轴正转，转速为700 r/min
N20 G71 U2 R0.5 P30 Q130 E0.5 Z0 F120	外径粗加工循环
N30 G00 X0 S1100	
N40 G01 Z0 F100	
N50 #102 = 0	起始角度
N60 WHILE #102 LE 126.86 D01	#102 小于等于126.86°
N70 #103 = 2 * [[17.5 – #101] * SIN [#102 * PI/180]]	X轴变量
N80 #104 = [30 – [#101] * COS [#102 * PI/180]] – 25	Z轴变量
N90 G01 X [#103] Z [#104] F160	
N100 #102 = #102 + 0.5	角度增量
N110 ENDW1	
N120 G02 X20 W – 30 R40	加工圆弧
N130 G01 W – 15	直线插补
N140 G00 X32.	抬刀
N150 G00 X100	退刀
N160 Z100	退刀
N170 M05	主轴停止
N180 M30	程序停止并复位

重 点 提 示

（1）正确安刀、对刀；正确使用测量工具，且测量准确。

·（2）编程时考虑装夹方式，合理选择进、退刀及换刀点。

（3）程序在输入后要养成用图形模拟的习惯，以保证加工的安全性。

（4）观察切屑状态，选择并调整切削用量。

（5）要按照操作步骤逐一进行相关训练，加工过程中严禁打开安全门。

（6）尺寸及表面粗糙度达不到要求时，要找出原因，知道正确的操作方法及注意事项。

《数控车床加工技术》实训报告单

实训项目 _____　成绩 _____

班级 _____　学号 _____　姓名 _____　机床型号 _____

一、实训目的与要求

二、实训内容简述

三、实训报告内容

1. 加工中出现的问题或难点：

2. 解决问题的方法：

四、质量检查

序号	检测项目	评分标准	自测	检测	项目得分
1					
2					
3					
4					
5					
6					
7					
成绩					

五、教师点评

六、学习体会

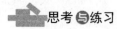思考与练习

加工如图8.2-2所示抛物线孔，方程为 $Z = X^2/16$，编写该零件的数控加工程序。

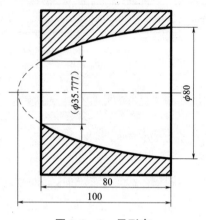

图8.2-2　异形套

第 9 章　自　动　编　程

计算机辅助设计及制造（CAD/CAM）技术已经越来越多地应用在数控加工领域。CAD/CAM 软件技术也在飞速发展，出现了很多的软件产品，这些产品根据自身的开发档次及其适用度，被广泛应用在不同的加工场合，大大节省了设计制造的时间周期，并在一定程度上提高了精度和速度。

本章主要介绍以下几方面内容：

（1）CAXA 数控车软件介绍。

（2）CAXA 数控车零件加工。

通过本章的学习，掌握 CAXA 数控车软件应用技巧，熟练运用 CAXA 数控车及华中数控传输软件完成零件程序的编辑、修改和输入，以完成零件的加工。

9.1　CAD/CAM 自动编程

9.1.1　自动编程的基本概念

自动编程是指使用计算机编程软件（CAD/CAM 软件）编制数控加工程序的工作过程。

自动编程的优点是效率高、程序正确性好。自动编程由计算机及 CAD/CAM 软件代替人来完成复杂的坐标计算和程序的书写工作，它可以解决许多手工编程无法完成的复杂零件的编程问题。随着计算机辅助设计（CAD）的普及，以及 CAM 软件协议功能的增强，可将已设计完成的零件图读入 CAM 软件，经处理后生成数控加工所需的程序，大大节省了时间。

实现自动编程的方法主要有语言式自动编程和图形交互式自动编程两种方式。语言式自动编程是通过高级语言的形式，表示出全部加工内容，计算机采用批量处理方式，一次性处理、输出加工程序。图形交互式自动编程采用人机对话的处理方式，利用 CAD/CAM 软件功能生成加工程序。

CAD/CAM 软件编程的过程为：图样分析、零件分析、造型、后置处理生成加工程序、程序模拟校验、程序传输和零件加工。计算机辅助设计及制造与数控机床加工结合，是现代数控机床技术应用的主流，能够达到非常理想的加工效果。

9.1.2　CAXA 数控车 XP

CAXA 是北京北航海尔软件有限公司（原北京华正软件工程研究所）面向我国工业界推

出的自主开发的、中文界面、三维复杂形面 CAD/CAM 软件。CAXA 包括 CAXA 电子图板、CAXA 机械制造工程师等软件。CAXA 数控车软件是专为数控车床设计的自动化编程软件，它能根据不同的数控系统生成数控车床的编程指令文件，其软件界面如图 9.1-1 所示。

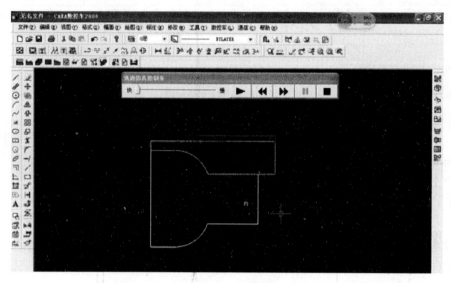

图 9.1-1 软件界面

1. 数控加工的基本概念

1）用 CAXA 数控车实现加工的过程

（1）须配置好机床，这是正确输出代码的关键；

（2）看懂图纸，用曲线表达工件；

（3）根据工件形状，选择合适的加工方式，生成刀具轨迹；

（4）生成 G 代码，传输给机床。

2）轮廓

轮廓是一系列首尾相接曲线的集合，如图 9.1-2 所示。

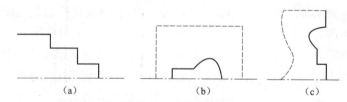

图 9.1-2 轮廓示例

(a) 外轮廓；(b) 内轮廓；(c) 端面轮廓

在进行数控编程，交互指定待加工图形时，常常需要用户指定毛坯的轮廓，用来界定被加工的表面或被加工的毛坯本身。如果毛坯轮廓是用来界定被加工表面的，则要求指定的轮廓是闭合的；如果加工的是毛坯轮廓本身，则毛坯轮廓也可以不闭合。

3）毛坯轮廓

针对粗车，需要制定被加工体的毛坯。毛坯轮廓是一系列首尾相接曲线的集合，如图 9.1-3 所示。

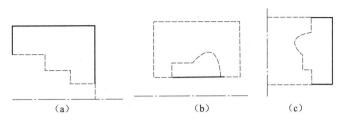

图9.1-3 毛坯轮廓示例

（a）外轮廓毛坯；（b）内轮廓毛坯；（c）端面轮廓毛坯

4）机床参数

数控车床的一些速度参数，包括主轴转速、接近速度、进给速度和退刀速度，如图9.1-4所示。

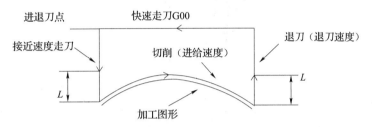

图9.1-4 数控车中各种速度示意（L = 慢速下刀/快速退刀距离）

主轴转速是切削时机床主轴转动的角速度；进给速度是正常切削时刀具行进的线速度（r/mm）；接近速度为从进刀点到切入工件前刀具行进的线速度，又称进刀速度；退刀速度为刀具离开工件回到退刀位置时刀具行进的线速度。

这些速度参数的设定一般依赖于用户的经验，原则上讲，它们与机床本身、工件材料、刀具材料、工件的加工精度和表面粗糙度要求等有关。速度参数与加工效率密切相关。

5）刀具轨迹和刀位点

刀具轨迹是系统按给定工艺要求生成的对给定加工图形进行切削时刀具行进的路线，如图9.1-5所示，系统以图形方式显示。刀具轨迹由一系列有序的刀位点和连接这些刀位点的直线（直线插补）或圆弧（圆弧插补）组成。本系统的刀具轨迹是按刀尖位置来显示的。

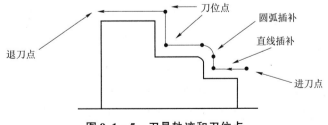

图9.1-5 刀具轨迹和刀位点

6）加工余量

车削加工是一个去除余量的过程，即从毛坯开始逐步除去多余的材料，以得到需要的零件。这种过程往往由粗加工和精加工构成，必要时还需要进行半精加工，即需经过多道工序的加工。在前一道工序中，往往需给下一道工序留下一定的余量。

实际的加工模型是指定的加工模型按给定的加工余量进行等距的结果，如图9.1-6所示。

7）加工误差

刀具轨迹和实际加工模型的偏差即加工误差，用户可通过控制加工误差来控制加工的精度。

用户给出的加工误差是刀具轨迹同加工模型之间的最大允许偏差，系统保证刀具轨迹与实际加工模型之间的偏离不大于加工误差。

用户应根据实际工艺要求给定加工误差，如在进行粗加工时，加工误差可以较大，否则加工效率会受到不必要的影响；而进行精加工时，需根据表面要求等给定加工误差。

在两轴加工中，对于直线和圆弧的加工不存在加工误差。加工误差指对样条线进行加工时用折线段逼近样条时的误差，如图9.1-7所示。

图 9.1-6　加工余量示意图　　　　图 9.1-7　加工误差示意图

8）干涉

切削被加工表面时，如刀具切削到了不应该切削的部分，则称为出现干涉现象，或者叫作过切。

9.2　CAXA 数控车 XP 应用

1. 应用实例

已知毛坯尺寸为 $\phi60$ mm×210 mm，材质为45#调质钢，根据零件图9.2-1的尺寸，完成零件的车削加工造型（建模），生成加工轨迹，并根据 HNC-21T 系统要求进行后置处理，生成 CAM 编程 NC 代码。

2. 实训目的

（1）掌握 CAXA 数控车 CAD/CAM 软件的应用。

（2）掌握程序编辑、输入、校验、修改的技能。

（3）合理组织工作位置，注意操作姿势，养成良好的操作习惯。

（4）提高量具使用的技能。

（5）按图要求完成工件的车削加工，理解粗车与精车的概念。

3. 实训要求

（1）严格按照数控车床的操作规程进行操作，防止人身、设备事故的发生。

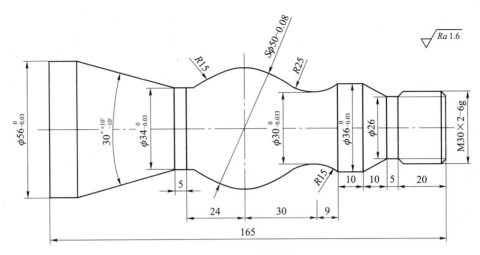

图 9.2 – 1　螺纹轴

（2）分析零件图，明确技术要求。

（3）在自动加工前应由实习指导教师检查各项调试是否正确方可进行加工。

（4）正确装夹车刀。

（5）能判断刀具是否磨损、切削参数选择是否合理。

（6）掌握用台阶轴进行质量检查及测量的方法。

4．加工实例分析

1）零件精度及加工方法分析

（1）零件加工精度分析。

该零件表面由外圆柱面、圆锥面、顺圆弧、逆圆弧及外螺纹等表面组成，其中多个直径尺寸有较高的尺寸精度和表面粗糙度要求。零件图尺寸标注完整，符合数控加工尺寸标注要求；轮廓描述清楚完整；零件材料为 45# 调质钢，加工切削性能较好，无热处理和硬度要求。

（2）加工方法分析。

如图 9.2 – 1 所示零件形状较复杂，适宜采用 CAM 软件生成程序。工件加工中刚性较差，需要使用回转顶尖作为辅助支撑，加工前将右端面加工好。各外圆柱面的尺寸，可以通过修改刀具磨损值的方式控制。

2）制定加工方案、确定工艺路线

加工顺序按由内到外、由粗到精、由近到远的原则确定，在一次装夹中尽可能加工出较多的工件表面。结合本零件的结构特征，可先将外圆各表面粗、精加工完成，再加工螺纹。

3）编程原点的确定

根据零件图尺寸标注基准即设计基准，考虑对刀方便，将该零件工件坐标原点设在右端面与主轴中心线的交线处。

4）数值计算

本实例采用自动编程软件编程，无特殊点位需计算。

5）工件装夹、定位及刀具的选用

根据提供的零件材料，选用三爪自定心卡盘装夹，外圆粗、精车刀选用93°外圆车刀，刀片选择刀尖角为35°的菱形刀片；螺纹车刀选择右旋外螺纹车刀杆，刀片选择螺距为2 mm的外螺纹刀片。

6）确定加工参数

根据被加工表面质量要求、刀具材料和工件材料，参考切削用量手册或有关资料选取切削速度与每转进给量，然后利用公式 $v_c = \pi d n / 1\,000$ 和 $v_f = n_f$，计算主轴转速与进给速度（计算过程略）。

背吃刀量的选择因粗、精加工而有所不同。粗加工时，在工艺系统刚性和机床功率允许的情况下，尽可能取较大的背吃刀量，以减少进给次数；精加工时，为保证零件表面粗糙度要求，背吃刀量一般取 0.1～0.4 mm 较为合适。（本书给出的切削参数仅供教学参考。）

7）确定加工步骤

（1）装夹工件，材料伸出长度在 172～174 mm；

（2）粗车外圆轮廓，留 0.5 mm 精加工余量；

（3）精车外圆各轮廓；

（4）粗、精车螺纹；

（5）测量。

5. CAXA 数控车零件建模

1）绘制零件图

利用 CAXA 数控车 XP 软件绘制零件图，如图 9.2 - 2 所示。

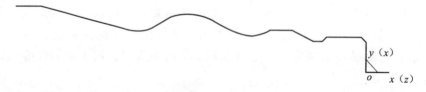

图 9.2 - 2　零件轮廓

2）设置零件毛坯

根据零件图样要求，设置零件毛坯后如图 9.2 - 3 所示。

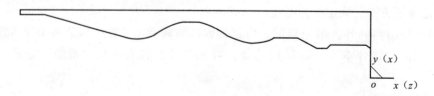

图 9.2 - 3　零件毛坯

3）加工参数设置

（1）粗加工轨迹如图 9.2 - 4 所示。

（2）精加工轨迹如图 9.2 - 5 所示。

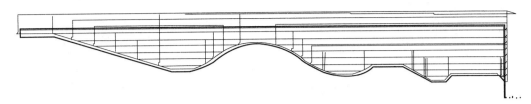

图 9.2 - 4　粗加工轨迹

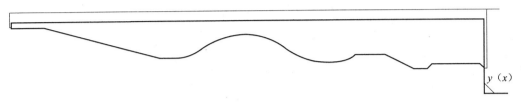

图 9.2 - 5　精加工轨迹

（3）螺纹车削轨迹如图 9.2 - 6 所示。

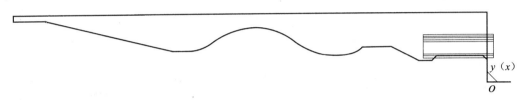

图 9.2 - 6　螺纹车削轨迹

4）程序输出

根据华中数控系统指令，设置后处理程序，并生成加工程序。（加工程序略）

6. 填写数控加工工序卡片

数控加工工序卡与普通加工工序卡很相似，所不同的是：工序简图中应注明编程与对刀点，要有编程说明及切削参数的选择等，它是操作人员进行数控加工的主要指导性工艺资料。工序卡应按已确定的工步顺序填写。如果工序加工内容比较简单，也可采用如表 9.2 - 1 所示的数控加工工艺卡片的形式。

表 9.2 - 1　数控加工工艺卡片

单位名称		产品名称或代号		零件名称		零件图号
工序号	程序编号	夹具名称		使用设备		车间
工步号	工步内容	刀具号	刀具规格	主轴转速	进给速度	背吃刀量	备注

续表

工步号	工步内容	刀具号	刀具规格	主轴转速	进给速度	背吃刀量	备注
编制		审核		批准		年　月　日	共　页	第　页

7. 传输软件设置

华中数控系统传输软件界面如图 9.2 – 7 所示。

图 9.2 – 7　华中数控系统传输软件界面

加工前需根据机床传输参数设置好串口通讯软件的相关参数，并使机床处于接收状态，即数控机床处于 DNC 状态。各项准备做好后，单击"发送 G 代码"，选中欲输送到机床的加工文件，打开即开始传送文件。

重点提示：

（1）CAXA 数控车软件设定的刀具应与加工中使用的刀具一致，并正确安装、对刀；

（2）程序在输入后要养成用图形模拟的习惯，以保证加工的安全性；

（3）观察切屑状态，选择并调整切削用量；

（4）要按照操作步骤逐一进行相关训练，加工过程中严禁打开安全门；

（5）尺寸及表面粗糙度达不到要求时，要找出原因，知道正确的操作方法及注意事项。

《数控车床加工技术》实训报告单

实训项目 _____ 成绩 _____

班级 _____ 学号 _____ 姓名 _____ 机床型号 _____

一、实训目的与要求

二、实训内容简述

三、实训报告内容

1. 加工中出现的问题或难点：

2. 解决问题的方法：

四、质量检查

序号	检测项目	评分标准	自测	检测	项目得分
1					
2					
3					
4					
5					
6					
7					
8					
9					
10					
成绩					

五、教师点评

六、学习体会

思考 **与** 练习

1. 已知毛坯尺寸为 $\phi 26$ mm×160 mm，材质为 45#调质钢，根据图 9.2 – 8 所示零件图尺寸，完成零件的车削加工造型（建模），生成加工轨迹，并根据 HNC – 21T 系统要求进行后置处理，生成 CAM 编程 NC 代码。

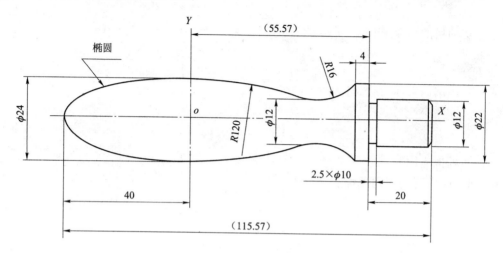

椭圆方程：$\dfrac{X^2}{A^2} + \dfrac{Y^2}{B^2} = 1$，$A=40$，$B=12$

图 9.2 – 8　机床手柄

2. 已知毛坯尺寸为 $\phi 30$ mm×130 mm，材质为 45#调质钢，根据图 9.2 – 9 所示零件图尺寸，完成零件的车削加工造型（建模），生成加工轨迹，并根据 HNC – 21T 系统要求进行后置处理，生成 CAM 编程 NC 代码。

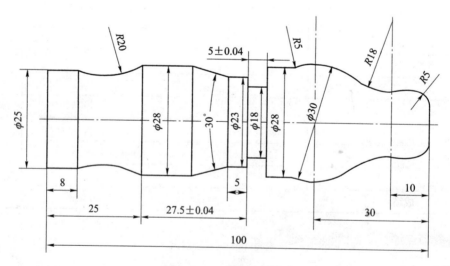

图 9.2 – 9　异形阶梯轴

3. 已知毛坯尺寸为 $\phi 60$ mm×190 mm，材质为 45#调质钢，根据图 9.2 – 10 所示零件图尺寸，完成零件的车削加工造型（建模），生成加工轨迹，并根据 HNC – 21T 系统要求进行后置处理，生成 CAM 编程 NC 代码。

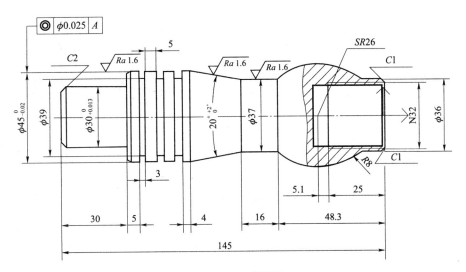

图 9.2－10　螺纹轴

第 10 章 数控车床操作工应会实例

10.1 数控车床操作工应会实例 I

1. 零件图样（见图 10.1 - 1）

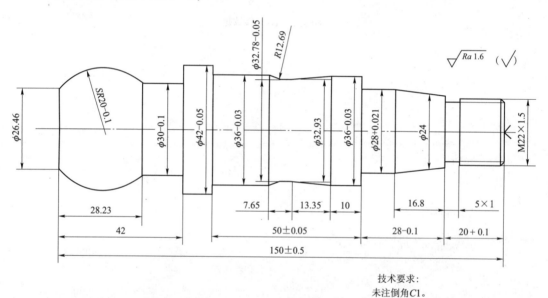

技术要求:
未注倒角 C1。

图 10.1 - 1 球头轴

2. 准备要求

（1）选用 CAK6140 型数控车床；

（2）材料: $\phi45$ mm × 152 mm 的 45#钢；

（3）工具、量具、夹具，见表 10.1 - 1。

表 10.1 - 1 工具、量具、夹具

序号	名称	型号	数量	要求
1	93°外圆车刀	刀体 20 mm × 20 mm	2	
2	60°外三角螺纹车刀	M22 mm × 1.5 mm	1	
3	切槽刀	刀宽 5 mm（有效切削刃长 26 mm）	1	
4	钻头及中心钻	$\phi13$ mm 钻头及 $\phi2.5$ mm 中心钻	1	

序号	名称	型号	数量	要求
5	活顶尖		1	
6	常用工具和铜皮		1	
7	外径千分尺	0.01/0 ~ 25 mm，25 ~ 50 mm	1	
8	游标卡尺	0.02/0 ~ 200 mm	1	
9	深度游标卡尺	0.02/0 ~ 200 mm	1	
10	螺纹中径千分尺	0.01/25 ~ 50 mm	1	
11	计算器		1	
12	草稿纸		1	

3．考核内容

1）考核要求

（1）考件经加工后，各项尺寸符合图样要求；

（2）考件经加工后，各项形位公差符合图样要求；

（3）考件经加工后，各表面粗糙度符合图样要求。

2）考核时间

240 min。

3）安全文明生产

（1）严格执行数控车床操作安全规程；

（2）应做到工作场地整洁，工件及工、夹、量具摆放整齐。

4．配分、评分表（表 10.1 - 2）

表 10.1 - 2　配分、评分表

序号	考核内容及要求		评分标准	配分	检测结果	扣分	得分	备注
1	$\phi 28^{+0.021}_{0}$	IT	超差不得分	10				
		$Ra1.6$	每降 1 级扣 1 分	5				
2	$\phi 36^{0}_{-0.03}$	IT	超差不得分	10				
		$Ra1.6$	每降 1 级扣 1 分	5				
3	$\phi 42^{0}_{-0.05}$	IT	超差不得分	5				
		$Ra1.6$	每降 1 级扣 1 分	5				
4	M22 × 1.5		超差不得分	5				
5	$20^{+0.1}_{0}$		超差不得分	5				
6	$28^{0}_{-0.1}$		超差不得分	3				
7	$50^{+0.05}_{-0.05}$		超差不得分	5				
8	$150^{+0.5}_{-0.5}$		超差不得分	5				

序号	考核内容及要求		评分标准	配分	检测结果	扣分	得分	备注
9	$SR20_{-0.1}^{0}$	IT	超差不得分	10				
		$Ra1.6$	降 1 级扣 1 分	5				
10	倒角	C1	错漏扣分	2				
11	$\phi30_{-0.1}^{0}$	IT	超差不得分	6				
		$Ra1.6$	降 1 级扣 1 分	4				
12	1. 遵守机床安全操作规程; 2. 刀具、工具、量具放置规范; 3. 设备保养、场地整洁		酌情扣 1~10 分	10				
合计				100				

10.2 数控车床操作工应会实例 Ⅱ

1. 零件图样（见图 10.2 - 1）

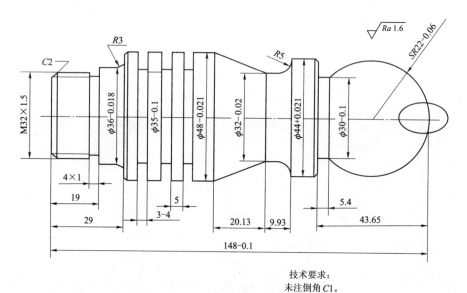

技术要求:
未注倒角 C1。
棱边倒钝。

图 10.2 - 1

2. 准备要求

（1）选用 CAK6140 型数控车床;

（2）材料: $\phi50$ mm × 150 mm, 45# 钢;

（3）工具、量具、夹具，见表10.2－1。

表10.2－1　工具、量具、夹具

序号	名称	型号	数量	要求
1	93°外圆车刀	刀体 20 mm × 20 mm	2	
2	60°外三角螺纹车刀	M22 mm × 1.5 mm	1	
3	切槽刀	刀宽 4 mm	1	
4	钻头及中心钻	$\phi13$ mm 钻头及 $\phi2.5$ mm 中心钻	1	
5	活顶尖		1	
6	常用工具和铜皮		1	
7	外径千分尺	0.01/0 ~ 25 mm，25 ~ 50 mm	1	
8	游标卡尺	0.02/0 ~ 200 mm	1	
9	深度游标卡尺	0.02/0 ~ 200 mm	1	
10	螺纹千分尺	0.01/25 ~ 50 mm	1	
11	计算器		1	
12	草稿纸		1	

3．考核内容

1）考核要求

（1）考件经加工后，各项尺寸符合图样要求；

（2）考件经加工后，各项形位公差符合图样要求；

（3）考件经加工后，各表面粗糙度符合图样要求。

2）考核时间

180 min。

3）安全文明生产

（1）严格执行数控车床安全操作规程；

（2）应做到工作场地整洁，工件及工、夹、量具摆放整齐。

4．配分、评分表（表10.2－2）

表10.2－2　配分、评分表

序号	考核内容及要求		评分标准	配分	检测结果	扣分	得分	备注
1	$\phi36_{-0.018}^{0}$	IT	超差不得分	10				
		Ra1.6	每降1级扣1分	5				
2	$\phi44_{0}^{+0.021}$	IT	超差不得分	10				
		Ra1.6	每降1级扣1分	5				
3	$\phi48_{-0.021}^{0}$	IT	超差不得分	5				
		Ra1.6	每降1级扣1分	5				

序号	考核内容及要求		评分标准	配分	检测结果	扣分	得分	备注
4	$M32 \times 1.5$		超差不得分	5				
5	$35_{-0.1}^{0}$		超差不得分	5				
6	$\phi30_{-0.1}^{0}$		超差不得分	3				
7	5		超差不得分	5				
8	$148_{-0.1}^{0}$		超差不得分	5				
9	$SR22_{-0.06}^{0}$	IT	超差不得分	10				
		$Ra1.6$	降1级扣1分	5				
10	倒角	$C1$	错漏扣分	2				
11	$\phi32_{-0.02}^{0}$	IT	超差不得分	6				
		$Ra1.6$	降1级扣1分	4				
12	1. 遵守机床安全操作规程; 2. 刀具、工具、量具放置规范; 3. 设备保养、场地整洁		酌情扣1~10分	10				
合计				100				

10.3 数控车床操作工应会实例Ⅲ

1. 零件图样（见图10.3-1）

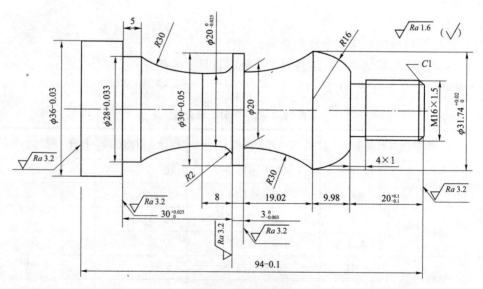

图10.3-1 螺纹轴

2．准备要求

（1）选用 CAK6140 型数控车床；

（2）材料：$\phi40$ mm $\times$150 mm，45#钢；

（3）工具、量具、夹具，见表 10.3－1。

表 10.3－1　工具、量具、夹具

序号	名称	型号	数量	要求
1	93°外圆车刀（左偏、右偏）	刀体 20 mm $\times$20 mm	各 2	
2	60°外三角螺纹车刀	M16 mm $\times$1.5 mm	1	
3	切槽刀	刀宽 4 mm	1	
4	钻夹头及中心钻	ϕ13 mm 钻头及 ϕ2.5 mm 中心钻	1	
5	活顶尖		1	
6	常用工具和铜皮		1	
7	外径千分尺	0.01/0 ~ 25 mm，25 ~ 50 mm	1	
8	游标卡尺	0.02/0 ~ 200 mm	1	
9	深度游标卡尺	0.02/0 ~ 200 mm	1	
10	螺纹千分尺	0.01/25 ~ 50 mm	1	
11	计算器		1	
12	草稿纸		1	

3．考核内容

1）考核要求

（1）考件经加工后，各项尺寸符合图样要求；

（2）考件经加工后，各项形位公差符合图样要求；

（3）考件经加工后，各表面粗糙度符合图样要求。

2）考核时间

240 min。

3）安全文明生产

（1）严格执行数控车床操作安全规程；

（2）应做到工作场地整洁，工件及工、夹、量具摆放整齐。

4．配分、评分表（见表 10.3－2）

表 10.3－2　配分、评分表

序号	考核内容及要求		评分标准	配分	检测结果	扣分	得分	备注
1	$\phi28^{+0.033}_{0}$	IT	超差不得分	10				
		$Ra1.6$	每降 1 级扣 1 分	5				
2	$\phi36^{0}_{-0.03}$	IT	超差不得分	10				
		$Ra1.6$	每降 1 级扣 1 分	5				

序号	考核内容及要求		评分标准	配分	检测结果	扣分	得分	备注
3	$\phi30_{-0.05}^{\ \ 0}$	IT	超差不得分	5				
		$Ra1.6$	每降 1 级扣 1 分	5				
4	$M16\times1.5$		超差不得分	5				
5	$30_{\ \ 0}^{+0.025}$		超差不得分	5				
6	$3_{-0.03}^{\ \ 0}$		超差不得分	3				
7	$20_{-0.1}^{+0.1}$		超差不得分	5				
8	$94_{-0.1}^{\ \ 0}$		超差不得分	5				
9	$R30$，$R16$	IT	超差不得分	10				
		$Ra1.6$	降 1 级扣 1 分	5				
10	倒角	$C1$	错漏扣 5 分	2				
11	$\phi20_{-0.025}^{\ \ 0}$	IT	超差不得分	6				
		$Ra1.6$	降 1 级扣 1 分	4				
12	1. 遵守机床安全操作规程； 2. 刀具、工具、量具放置规范； 3. 设备保养、场地整洁		酌情扣 1～10 分	10				
合计				100				

附录1 FANUC Oi Mate 数控系统

1. FANUC 0i Mate 数控系统 (见附图 1−1 和附表 1−1)

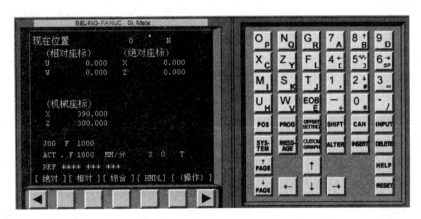

附图 1−1

附表 1−1

按键	功能
RESET	复位
↑、↓	向上、下移动光标；在编辑时还可利用 ↓ 实现检索功能
（字符数字键盘）	字符、数字输入，输入时自动识别所输入的是字母还是数字
↑PAGE、↓PAGE	向前、向后翻页
ALTER	编辑程序时修改光标块内容
INSERT	编辑程序时在光标处插入内容； 插入新程序

按键	功能
DELETE	编辑程序时删除光标块的程序内容； 删除程序
EOB E	编辑程序时输入";"换行
CAN	删除输入区最后一个字符
POS	切换 CRT 到机床位置界面
PROG	切换程序到程序管理界面
OFFSET SETTING	刀具参数设置
MESS- AGE	报警显示，用于显示机床报警信息
SYS- TEM	系统参数显示
CUSTOM GRAPH	自动方式下显示运行轨迹
INPUT	参数输入
OFFSET SETTING	DNC 程序输出键

2. 数控车床操控面板（见附图 1-2 和附表 1-2）

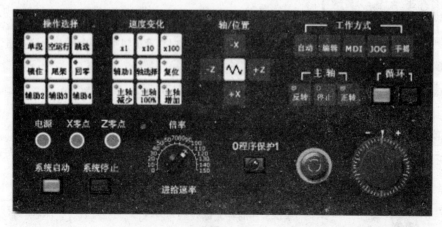

附图 1-2

附表 1 – 2

按钮	名称	功能说明
	进给倍率	调节进给倍率，调节范围为 0 ~ 150%
	单段	将此按钮按下后，运行程序时每次执行一段数控指令
	空运行	进入空运行模式
	跳段	当此按钮按下后，程序中的"/"有效
	机床锁住	机床锁住
	尾架	尾架移动
	回零	进入回零模式，机床必须首先执行回零操作，然后才可以运行
	倍率修调	用于修调手轮及快速移动倍率；×1、×10、×100 分别代表移动量为 0.001 mm、0.01 mm、0.1 mm
	轴选择	手轮方式时按下表示手轮移动 Z 轴，否则表示手轮移动 X 轴
	主轴倍率	每按一次 主轴 主轴转速减少 10%，每按一次 主轴 主轴转速增加 10%，按 主轴100% 主轴转速恢复为 100%
	机床移动	手动方式下配合 – X/ + X/ – Z/ + Z 方向移动机床
	快速移动	手动方式下配合 – X/ + X/ – Z/ + Z 方向快速移动机床
	自动	进入自动加工模式
	编辑	进入编辑模式，用于直接通过操作面板输入数控程序和编辑程序
	MDI	进入 MDI 模式，手动输入指令并执行
	JOG	手动方式，连续移动
	手摇	进入手轮模式
	主轴控制	主轴反转/停止/正转

按钮		名称	功能说明
		循环启动	程序运行开始，系统处于自动运行或"MDI"位置时按下有效，其余模式下使用无效
		进给保持	进给保持，在程序运行过程中，按下此按钮运行暂停，再按循环启动继续开始执行
		程序保护	保护程序，防止修改或删除程序
		系统开关	系统上电、系统断电
		紧急停止	紧急停止
		手轮	配合 轴选择 按钮移动坐标轴

附录 2　数控车削刀具刀片编号说明

数控车削刀具刀片编号说明见附表 2 – 1 ~ 附表 2 – 11。

附表 2 – 1

1	2	3	4	5	6	7	8	9	10
C	N	M	G	12	04	08	(E)	(N)	MH
形状代号	后角代号	精度代号	槽、孔代号	切削刃长度代号和内接圆代号	刀片厚度代号	刀尖半径代号	刃口处理代号	切削方向代号	刀片断削槽代号

附表 2 – 2

1. 形状代号		
代号	刀片形状	
H	正六角形	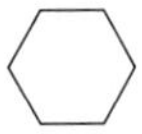
O	正八角形	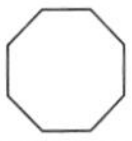
P	正五角形	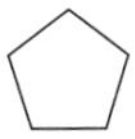
S	正方形	
T	正三角形	
C	菱形顶角80°	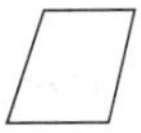
D	菱形顶角55°	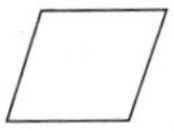
E	菱形顶角75°	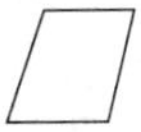
F	菱形顶角50°	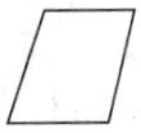

续表

代号		刀片形状
M	菱形顶角86°	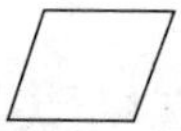
V	菱形顶角35°	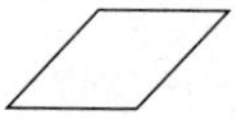
W	等边不等角三角形	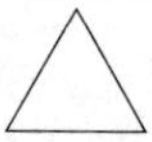
L	长方形	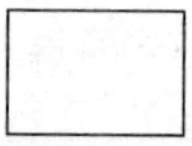
A	平行四边形顶角85°	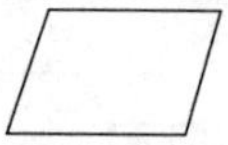
B	平行四边形顶角82°	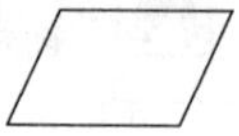
K	平行四边形顶角55°	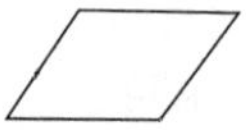
R	圆形	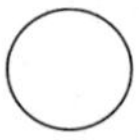

附表2-3

2. 后角代号		
代号	后角/（°）	
A	3	
B	5	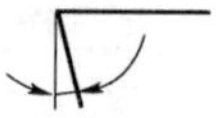
C	7	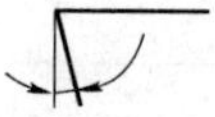
D	15	
E	20	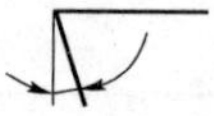
F	25	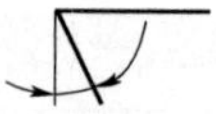
G	30	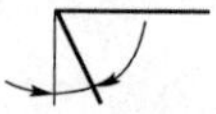
N	0	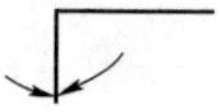
P	11	
O	其他的后角	

注：后角是指主切削刃法向后角。

附表 2－4

3. 精度代号

注：带副切削刃刀片使用场合（铣刀用）

代号	刀尖高度允差件 m/mm	内接圆允差 ϕD_1/mm	厚度允差 S_1/mm
A	±0.005	±0.025	±0.025
F	±0.005	±0.013	±0.025
C	±0.013	±0.025	±0.025
H	±0.013	±0.013	±0.025
E	±0.025	±0.025	±0.025
G	±0.025	±0.025	±0.13
J	±0.005	±0.05 ～ ±0.15	±0.025
K*	±0.013	±0.05 ～ ±0.15	±0.025
L*	±0.025	±0.05 ～ ±0.15	±0.025
M*	±0.08 ～ ±0.18	±0.05 ～ ±0.15	±0.13
N*	±0.08 ～ ±0.18	±0.05 ～ ±0.15	±0.025
U*	±0.13 ～ ±0.38	±0.08 ～ ±0.25	±0.13

注：*表示其侧面不研磨的烧结体刀片。

（参考）M 级精度（形状，尺寸不同）

刀尖高度允差/mm						
内接圆	正三角形	正方形	80° 菱形	55° 菱形	35° 菱形	圆形
6.35	±0.08	±0.08	±0.05	±0.05	±0.05	—
9.525	±0.08	±0.08	±0.08	±0.11	±0.16	—
12.70	±0.13	±0.13	±0.13	±0.15	—	—
15.875	±0.15	±0.15	±0.15	±0.18	—	—
19.05	±0.15	±0.15	±0.15	±0.18	—	—
25.40	—	±0.18	—	—	—	—
31.75	—	±0.20	—	—	—	—

内接圆 ϕD_1 的允差/mm						
内接圆	正三角形	正方形	80° 菱形	55° 菱形	35° 菱形	圆形
6.35	±0.05	±0.05	±0.05	±0.05	±0.05	—
9.525	±0.05	±0.05	±0.05	±0.05	±0.05	±0.05
12.70	±0.08	±0.08	±0.08	±0.08	—	±0.08
15.875	±0.10	±0.10	±0.10	±0.10	—	±0.10
19.05	±0.10	±0.10	±0.10	±0.10	—	±0.10
25.40	—	±0.13	—	—	—	±0.13
31.75	—	±0.15	—	—	—	±0.15

附表 2 – 5

| | | | | 4. 槽，孔代号 | | | | | |

代号	有无孔	孔的形状	有无断层槽	刀片断面	代号	有无孔	孔的形状	有无断层槽	刀片断面
W	有	圆柱孔 + 单面倒角 (40°~60°)	无		A	有	圆柱孔	无	
T	有		单面		M	有	圆柱孔	单面	
Q	有	圆柱孔 + 双面倒角 (40°~60°)	无		G	有	圆柱孔	双面	
U	有		双面		N	有	—	无	
B	有	圆柱孔 + 单面倒角 (70°~90°)	无		R	有	—	单面	
H	有		片面		F	有	—	双面	
C	有	圆柱孔 + 双面倒角 (70°~90°)	无		X	—	—	—	特殊
J	有		双面						

附表 2 – 6

	5. 切削刃长度代号和内接圆代号							
	刀片形状							内接圆 /mm
R	W	V	D	C	S	T	
	02		04	03	03	06	3.97
	L3	08	05	04	04	08	4.76
	03	09	06	05	05	09	5.56
06							6.00
	04	11	07	06	06	11	6.35
	05	13	09	08	07	13	7.94
08							8.00

刀片形状							内接圆 /mm
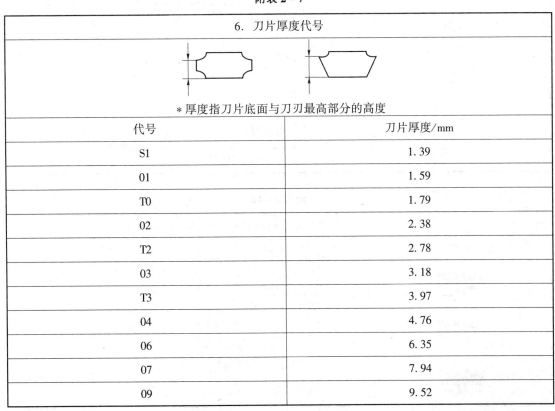 R	W	V	D	C	S	T	
09	06	16	11	09	09	16	9.525
10							10.00
12							12.00
12	08	22	15	12	12	22	12.70
	10		19	16	15	27	15.875
16							16.00
19	13		23	19	19	23	19.05
20							20.00
			27	22	22	38	22.225
25							25.00
25			31	25	25	44	25.40
31			38	32	31	54	31.75
32							32.00

附表 2-7

6. 刀片厚度代号	
*厚度指刀片底面与刀刃最高部分的高度	
代号	刀片厚度/mm
S1	1.39
01	1.59
T0	1.79
02	2.38
T2	2.78
03	3.18
T3	3.97
04	4.76
06	6.35
07	7.94
09	9.52

附表 2 – 8

代号	刀尖半径/mm
7. 刀尖半径代号	
00	无圆角
02	0.2
04	0.4
08	0.8
12	1.2
16	1.6
20	2.0
24	2.4
28	2.8
32	3.2
刀片直径尺寸 00（英制） M0（公制）	圆形刀片

附表 2 – 9

8. 刃口处理代号

形状	刃口修磨	代号
	尖锐刀刃	F
	倒角刀刃	E
	倒棱刀刃	T
	双重处理刀刃	S
本公司省略了刃口修磨代号		

附表 2 – 10

9. 切削方向代号

形状	方向	代号
	右	R
	左	L
	左，右	N

| 182 |

10. 刀片断削槽代号		
无代号	C	ES
FD	FH	FJ
FS	FV	GH
HH	HV	MA
MH	MQ	MS
MV	MZ	PK
SA	SH	SQ

附录3 数控车工国家职业标准

1. 职业概况

1.1 职业名称

数控车工。

1.2 职业定义

从事编制数控加工程序并操作数控车床进行零件车削加工的人员。

1.3 职业等级

本职业共设四个等级，分别为：中级（国家职业资格四级）、高级（国家职业资格三级）、技师（国家职业资格二级）、高级技师（国家职业资格一级）。

1.4 职业环境

室内、常温。

1.5 职业能力特征

具有较强的计算能力和空间感，形体知觉及色觉正常，手指、手臂灵活，动作协调。

1.6 基本文化程度

高中毕业（或同等学力）。

1.7 培训要求

1.7.1 培训期限

全日制职业学校教育，根据其培养目标和教学计划确定。晋级培训期限：中级不少于400标准学时；高级不少于300标准学时；技师不少于200标准学时；高级技师不少于200标准学时。

1.7.2 培训教师

培训中、高级人员的教师应取得本职业技师及以上职业资格证书或相关专业中级及以上专业技术职称任职资格；培训技师的教师应取得本职业高级技师职业资格证书或相关专业高级专业技术职称任职资格；培训高级技师的教师应取得本职业高级技师职业资格证书2年以上或取得相关专业高级专业技术职称任职资格2年以上。

1.7.3 培训场地设备

满足教学要求的标准教室、计算机机房及配套的软件、数控车床和必要的刀具、夹具、量具与辅助设备等。

1.8 鉴定要求

1.8.1 适用对象

从事或准备从事本职业的人员。

1.8.2 申报条件

——中级：（具备以下条件之一者）

（1）经本职业中级正规培训达规定标准学时数，并取得结业证书。

（2）连续从事本职业工作5年以上。

（3）取得经劳动保障行政部门审核认定的、以中级技能为培养目标的中等以上职业学校本职业（或相关专业）毕业证书。

（4）取得相关职业中级《职业资格证书》后，连续从事本职业2年以上。

——高级：（具备以下条件之一者）

（1）取得本职业中级职业资格证书后，连续从事本职业工作2年以上，经本职业高级正规培训，达到规定标准学时数，并取得结业证书。

（2）取得本职业中级职业资格证书后，连续从事本职业工作4年以上。

（3）取得劳动保障行政部门审核认定的、以高级技能为培养目标的职业学校本职业（或相关专业）毕业证书。

（4）大专以上本专业或相关专业毕业生，经本职业高级正规培训，达到规定标准学时数，并取得结业证书。

——技师：（具备以下条件之一者）

（1）取得本职业高级职业资格证书后，连续从事本职业工作4年以上，经本职业技师正规培训达规定标准学时数，并取得结业证书。

（2）取得本职业高级职业资格证书的职业学校本职业（专业）毕业生，连续从事本职业工作2年以上，经本职业技师正规培训达规定标准学时数，并取得结业证书。

（3）取得本职业高级职业资格证书的本科（含本科）以上本专业或相关专业的毕业生，连续从事本职业工作2年以上，经本职业技师正规培训达规定标准学时数，并取得结业证书。

——高级技师：

取得本职业技师职业资格证书后，连续从事本职业工作4年以上，经本职业高级技师正规培训达规定标准学时数，并取得结业证书。

1.8.3　鉴定方式

分为理论知识考试和技能操作考核。理论知识考试采用闭卷方式，技能操作（含软件应用）考核采用现场实际操作和计算机软件操作方式。理论知识考试和技能操作（含软件应用）考核均实行百分制，成绩皆达60分及以上者为合格。技师和高级技师还需进行综合评审。

1.8.4　考评人员与考生配比

理论知识考试考评人员与考生配比为1∶15，每个标准教室不少于2名相应级别的考评员；技能操作（含软件应用）考核考评员与考生配比为1∶2，且不少于3名相应级别的考评员；综合评审委员不少于5人。

1.8.5　鉴定时间

理论知识考试为120分钟，技能操作考核中实操时间为：中级、高级不少于240分钟，技师和高级技师不少于300分钟，技能操作考核中软件应用考试时间为不超过120分钟，技师和高级技师的综合评审时间不少于45分钟。

1.8.6　鉴定场所设备

理论知识考试在标准教室里进行，软件应用考试在计算机机房进行，技能操作考核在配备必要的数控车床及必要的刀具、夹具、量具和辅助设备的场所进行。

2. 基本要求

2.1 职业道德

2.1.1 职业道德基本知识

2.1.2 职业守则

（1）遵守国家法律、法规和有关规定；

（2）具有高度的责任心，爱岗敬业、团结合作；

（3）严格执行相关标准、工作程序与规范、工艺文件和安全操作规程；

（4）学习新知识新技能、勇于开拓和创新；

（5）爱护设备、系统及工具、夹具、量具；

（6）着装整洁，符合规定；保持工作环境清洁有序，文明生产。

2.2 基础知识

2.2.1 基础理论知识

（1）机械制图；

（2）工程材料及金属热处理知识；

（3）机电控制知识；

（4）计算机基础知识；

（5）专业英语基础。

2.2.2 机械加工基础知识

（1）机械原理；

（2）常用设备知识（分类、用途、基本结构及维护保养方法）；

（3）常用金属切削刀具知识；

（4）典型零件加工工艺；

（5）设备润滑和冷却液的使用方法；

（6）工具、夹具、量具的使用与维护知识；

（7）普通车床、钳工基本操作知识。

2.2.3 安全文明生产与环境保护知识

（1）安全操作与劳动保护知识；

（2）文明生产知识；

（3）环境保护知识。

2.2.4 质量管理知识

（1）企业的质量方针；

（2）岗位质量要求；

（3）岗位质量保证措施与责任。

2.2.5 相关法律、法规知识

（1）劳动法的相关知识；

（2）环境保护法的相关知识；

（3）知识产权保护法的相关知识。

3. 工作要求

本标准对中级、高级、技师和高级技师的技能要求依次递进，高级别涵盖低级别的要求。

3.1　中级（见附表 3–1）

职业功能	工作内容	技能要求	相关知识
一、加工准备	（一）读图与绘图	1. 能读懂中等复杂程度（如：曲轴）的零件图； 2. 能绘制简单的轴、盘类零件图； 3. 能读懂进给机构、主轴系统的装配图	1. 复杂零件的表达方法； 2. 简单零件图的画法； 3. 零件三视图、局部视图和剖视图的画法； 4. 装配图的画法
	（二）制定加工工艺	1. 能读懂复杂零件的数控车床加工工艺文件； 2. 能编制简单（轴、盘）零件的数控加工工艺文件	数控车床加工工艺文件的制定
	（三）零件定位与装夹	能使用通用卡具（如三爪卡盘、四爪卡盘）进行零件装夹与定位	1. 数控车床常用夹具的使用方法； 2. 零件定位、装夹的原理和方法
	（四）刀具准备	1. 能够根据数控加工工艺文件选择、安装和调整数控车床常用刀具； 2. 能够刃磨常用车削刀具	1. 金属切削与刀具磨损知识； 2. 数控车床常用刀具的种类、结构和特点； 3. 数控车床、零件材料、加工精度和工作效率对刀具的要求
二、数控编程	（一）手工编程	1. 能编制由直线、圆弧组成的二维轮廓数控加工程序； 2. 能编制螺纹加工程序； 3. 能够运用固定循环、子程序进行零件的加工程序编制	1. 数控编程知识； 2. 直线插补和圆弧插补的原理； 3. 坐标点的计算方法
	（二）计算机辅助编程	1. 能够使用计算机绘图设计软件绘制简单（轴、盘、套）零件图； 2. 能够利用计算机绘图软件计算节点	计算机绘图软件（二维）的使用方法

职业功能	工作内容	技能要求	相关知识
三、数控车床操作	（一）操作面板	1. 能够按照操作规程启动及停止机床； 2. 能使用操作面板上的常用功能键（如回零、手动、MDI、修调等）	1. 熟悉数控车床操作说明书； 2. 数控车床操作面板的使用方法
	（二）程序输入与编辑	1. 能够通过各种途径（如 DNC、网络等）输入加工程序； 2. 能够通过操作面板编辑加工程序	1. 数控加工程序的输入方法； 2. 数控加工程序的编辑方法； 3. 网络知识
	(三)对刀	1. 能进行对刀并确定相关坐标系； 2. 能设置刀具参数	1. 对刀的方法； 2. 坐标系的知识； 3. 刀具偏置补偿、半径补偿与刀具参数的输入方法
	（四）程序调试与运行	能够对程序进行校验、单步执行、空运行并完成零件试切	程序调试的方法
四、零件加工	（一）轮廓加工	1. 能进行轴、套类零件加工，并达到以下要求： (1) 尺寸公差等级：IT6； (2) 形位公差等级：IT8； (3) 表面粗糙度：$Ra1.6\ \mu m$。 2. 能进行盘类、支架类零件加工，并达到以下要求： (1) 轴径公差等级：IT6； (2) 孔径公差等级：IT7； (3) 形位公差等级：IT8； (4) 表面粗糙度：$Ra1.6\ \mu m$	1. 内外径的车削加工方法和测量方法； 2. 形位公差的测量方法； 3. 表面粗糙度的测量方法
	（二）螺纹加工	能进行单线等节距的普通三角螺纹、锥螺纹的加工，并达到以下要求： (1) 尺寸公差等级：IT6 ~ IT7 级； (2) 形位公差等级：IT8； (3) 表面粗糙度：$Ra1.6\ \mu m$	1. 常用螺纹的车削加工方法； 2. 螺纹加工中的参数计算
	（三）槽类加工	能进行内径槽、外径槽和端面槽的加工，并达到以下要求：	内、外径槽和端槽的加工方法

职业功能	工作内容	技能要求	相关知识
四、零件加工	（三）槽类加工	（1）尺寸公差等级：IT8； （2）形位公差等级：IT8； （3）表面粗糙度：$Ra3.2~\mu m$	内、外径槽和端槽的加工方法
	（四）孔加工	能进行孔加工，并达到以下要求： （1）尺寸公差等级：IT7； （2）形位公差等级：IT8； （3）表面粗糙度：$Ra3.2~\mu m$	孔的加工方法
	（五）零件精度检验	能够进行零件的长度、内外径、螺纹、角度精度检验	1. 通用量具的使用方法； 2. 零件精度检验及测量方法
五、数控车床维护与精度检验	（一）数控车床日常维护	能够根据说明书完成数控车床的定期及不定期维护保养，包括：机械、电、气、液压、数控系统检查和日常保养等	1. 数控车床说明书； 2. 数控车床日常保养方法； 3. 数控车床操作规程； 4. 数控系统（进口与国产数控系统）使用说明书
	（二）数控车床故障诊断	1. 能读懂数控系统的报警信息； 2. 能发现数控车床的一般故障	1. 数控系统的报警信息； 2. 机床的故障诊断方法
	（三）机床精度检查	能够检查数控车床的常规几何精度	数控车床常规几何精度的检查方法

3.2 高级（见附表3-2）

附表3-2

职业功能	工作内容	技能要求	相关知识
一、加工准备	（一）读图与绘图	1. 能够读懂中等复杂程度（如：刀架）的装配图； 2. 能够根据装配图拆画零件图； 3. 能够测绘零件	1. 根据装配图拆画零件图的方法； 2. 零件的测绘方法
	（二）制定加工工艺	能编制复杂零件的数控车床加工工艺文件	复杂零件数控加工工艺文件的制定
	（三）零件定位与装夹	1. 能选择与使用数控车床组合夹具和专用夹具； 2. 能分析并计算车床夹具的定位误差；	1. 数控车床组合夹具和专用夹具的使用、调整方法； 2. 专用夹具的使用方法；

职业功能	工作内容	技能要求	相关知识
一、加工准备	（三）零件定位与装夹	3. 能够设计与自制装夹辅具（如心轴、轴套、定位件等）	3. 夹具定位误差的分析与计算方法
	（四）刀具准备	1. 能够选择各种刀具及刀具附件； 2. 能够根据难加工材料的特点，选择刀具的材料、结构和几何参数； 3. 能够刃磨特殊车削刀具	1. 专用刀具的种类、用途、特点和刃磨方法； 2. 切削难加工材料时的刀具材料和几何参数的确定方法
二、数控编程	（一）手工编程	能运用变量编程编制含有公式曲线的零件数控加工程序	1. 固定循环和子程序的编程方法； 2. 变量编程的规则和方法
	（二）计算机辅助编程	能用计算机绘图软件绘制装配图	计算机绘图软件的使用方法
	（三）数控加工仿真	能利用数控加工仿真软件实施加工过程仿真以及加工代码检查、干涉检查、工时估算	数控加工仿真软件的使用方法
三、零件加工	（一）轮廓加工	能进行细长、薄壁零件加工，并达到以下要求： （1）轴径公差等级：IT6； （2）孔径公差等级：IT7； （3）形位公差等级：IT8； （4）表面粗糙度：$Ra1.6\ \mu m$	细长、薄壁零件加工的特点及装卡、车削方法
	（二）螺纹加工	1. 能进行单线和多线等节距的T型螺纹、锥螺纹加工，并达到以下要求： （1）尺寸公差等级：IT6； （2）形位公差等级：IT8； （3）表面粗糙度：$Ra1.6\ \mu m$。 2. 能进行变节距螺纹的加工，并达到以下要求： （1）尺寸公差等级：IT6； （2）形位公差等级：IT7； （3）表面粗糙度：$Ra1.6\ \mu m$	1. T型螺纹、锥螺纹加工中的参数计算； 2. 变节距螺纹的车削加工方法

续表

职业功能	工作内容	技能要求	相关知识
三、零件加工	(三) 孔加工	能进行深孔加工,并达到以下要求: (1) 尺寸公差等级:IT6; (2) 形位公差等级:IT8; (3) 表面粗糙度:$Ra1.6\ \mu m$	深孔的加工方法
	(四) 配合件加工	能按装配图上的技术要求对套件进行零件加工和组装,配合公差达到 IT7 级	套件的加工方法
	(五) 零件精度检验	1. 能够在加工过程中使用百(千)分表等进行在线测量,并进行加工技术参数的调整; 2. 能够进行多线螺纹的检验; 3. 能进行加工误差分析	1. 百(千)分表的使用方法; 2. 多线螺纹的精度检验方法; 3. 误差分析的方法
四、数控车床维护与精度检验	(一) 数控车床日常维护	1. 能判断数控车床的一般机械故障; 2. 能完成数控车床的定期维护保养	1. 数控车床机械故障和排除方法; 2. 数控车床液压原理和常用液压元件
	(二) 机床精度检验	1. 能够进行机床几何精度检验; 2. 能够进行机床切削精度检验	1. 机床几何精度检验内容及方法; 2. 机床切削精度检验内容及方法

3.3 技师(见附表 3-3)

附表 3-3

职业功能	工作内容	技能要求	相关知识
一、加工准备	(一) 读图与绘图	1. 能绘制工装装配图; 2. 能读懂常用数控车床的机械结构图及装配图	1. 工装装配图的画法; 2. 常用数控车床的机械原理图及装配图的画法
	(二) 制定加工工艺	1. 能编制高难度、高精密、特殊材料零件的数控加工多工种工艺文件; 2. 能对零件的数控加工工艺进行合理性分析,并提出改进建议; 3. 能推广应用新知识、新技术、新工艺、新材料	1. 零件的多工种工艺分析方法; 2. 数控加工工艺方案合理性的分析方法及改进措施; 3. 特殊材料的加工方法; 4. 新知识、新技术、新工艺、新材料

职业功能	工作内容	技能要求	相关知识
一、加工准备	（三）零件定位与装夹	能设计与制作零件的专用夹具	专用夹具的设计与制造方法
	（四）刀具准备	1. 能够依据切削条件和刀具条件估算刀具的使用寿命； 2. 根据刀具寿命计算并设置相关参数； 3. 能推广应用新刀具	1. 切削刀具的选用原则； 2. 延长刀具寿命的方法； 3. 刀具新材料、新技术； 4. 刀具使用寿命的参数设定方法
二、数控编程	（一）手工编程	能够编制车削中心、车铣中心的三轴及三轴以上（含旋转轴）的加工程序	编制车削中心、车铣中心加工程序的方法
	（二）计算机辅助编程	1. 能用计算机辅助设计/制造软件进行车削零件的造型和生成加工轨迹； 2. 能够根据不同的数控系统进行后置处理并生成加工代码	1. 三维造型和编辑； 2. 计算机辅助设计/制造软件（三维）的使用方法
	（三）数控加工仿真	能够利用数控加工仿真软件分析和优化数控加工工艺	数控加工仿真软件的使用方法
三、零件加工	（一）轮廓加工	1. 能编制数控加工程序车削多拐曲轴并达到以下要求： （1）直径公差等级：IT6； （2）表面粗糙度：$Ra1.6\ \mu m$。 2. 能编制数控加工程序对适合在车削中心加工的带有车削、铣削等工序的复杂零件进行加工	1. 多拐曲轴车削加工的基本知识； 2. 车削加工中心加工复杂零件的车削方法
	（二）配合件加工	能进行两件（含两件）以上具有多处尺寸链配合的零件加工与配合	多尺寸链配合的零件加工方法
	（三）零件精度检验	能根据测量结果对加工误差进行分析并提出改进措施	1. 精密零件的精度检验方法； 2. 检具设计知识
四、数控车床维护与精度检验	（一）数控车床维护	1. 能够分析和排除液压和机械故障；	1. 数控车床常见故障诊断及排除方法；

职业功能	工作内容	技能要求	相关知识
四、数控车床维护与精度检验	（一）数控车床维护	2. 能借助字典阅读数控设备的主要外文信息	2. 数控车床专业外文知识
	（二）机床精度检验	能够进行机床定位精度、重复定位精度的检验	机床定位精度检验、重复定位精度检验的内容及方法
五、培训与管理	（一）操作指导	能指导本职业中级、高级进行实际操作	操作指导书的编制方法
	（二）理论培训	1. 能对本职业中级、高级和技师进行理论培训； 2. 能系统地讲授各种切削刀具的特点和使用方法	1. 培训教材的编写方法； 2. 切削刀具的特点和使用方法
	（三）质量管理	能在本职工作中认真贯彻各项质量标准	相关质量标准
	（四）生产管理	能协助部门领导进行生产计划、调度及人员的管理	生产管理基本知识
	（五）技术改造与创新	能够进行加工工艺、夹具、刀具的改进	数控加工工艺综合知识

3.4 高级技师（见附表3－4）

附表3－4

职业功能	工作内容	技能要求	相关知识
一、工艺分析于设计	（一）读图与绘图	1. 能绘制复杂工装装配图； 2. 能读懂常用数控车床的电气、液压原理图	1. 复杂工装设计方法； 2. 常用数控车床电气、液压原理图的画法
	（二）制定加工工艺	1. 能对高难度、高精密零件的数控加工工艺方案进行优化并实施； 2. 能编制多轴车削中心的数控加工工艺文件； 3. 能够对零件加工工艺提出改进建议	1. 复杂、精密零件加工工艺的系统知识； 2. 车削中心、车铣中心加工工艺文件编制方法

职业功能	工作内容	技能要求	相关知识
一、工艺分析于设计	（三）零件定位与装夹	能对现有的数控车床夹具进行误差分析并提出改进建议	误差分析方法
	（四）刀具准备	能根据零件要求设计刀具，并提出制造方法	刀具的设计与制造知识
二、零件加工	（一）异形零件加工	能解决高难度（如十字座类、连杆类、叉架类等异形零件）零件车削加工的技术问题，并制定工艺措施	高难度零件的加工方法
	（二）零件精度检验	能够制定高难度零件加工过程中的精度检验方案	在机械加工全过程中影响质量的因素及提高质量的措施
三、数控车床维护与精度检验	（一）数控车床维护	1. 能借助字典看懂数控设备的主要外文技术资料； 2. 能够针对机床运行现状合理调整数控系统相关参数； 3. 能根据数控系统报警信息判断数控车床故障	1. 数控车床专业外文知识； 2. 数控系统报警信息
	（二）机床精度检验	能够进行机床定位精度、重复定位精度的检验	机床定位精度和重复定位精度的检验方法
	（三）数控设备网络化	能够借助网络设备和软件系统实现数控设备的网络化管理	数控设备网络接口及相关技术
四、培训与管理	（一）操作指导	能指导本职业中级、高级和技师进行实际操作	操作理论教学指导书的编写方法
	（二）理论培训	能对本职业中级、高级和技师进行理论培训	教学计划与大纲的编制方法
	（三）质量管理	能应用全面质量管理知识，实现操作过程的质量分析与控制	质量分析与控制方法
	（四）技术改造与创新	能够组织实施技术改造和创新，并撰写相应的论文	科技论文撰写方法

4. 比重表

4.1 理论知识（见附表 3-5）

附表 3-5 %

	项目	中级	高级	技师	高级技师
基本要求	职业道德	5	5	5	5
	基础知识	20	20	15	15
相关知识	加工准备	15	15	30	—
	数控编程	20	20	10	—
	数控车床操作	5	5	—	—
	零件加工	30	30	20	15
	数控车床维护与精度检验	5	5	10	10
	培训与管理	—	—	10	15
	工艺分析与设计	—	—	—	40
合计		100	100	100	100

4.2 技能操作（见附表 3-6）

附表 3-6 %

	项目	中级	高级	技师	高级技师
技能要求	加工准备	10	10	20	—
	数控编程	20	20	30	—
	数控车床操作	5	5	—	—
	零件加工	60	60	40	45
	数控车床维护与精度检验	5	5	5	10
	培训与管理	—	—	5	10
	工艺分析与设计	—	—	—	35
合计		100	100	100	100

参 考 文 献

[1] 孙德茂. 数控机床车削加工直接编程技术 [M]. 北京：机械工业出版社，2005.

[2] 李蓓华. 数控机床操作工（中级、高级） [M]. 北京：中国劳动社会保障出版社，2004.

[3] 徐宏海. 数控机床刀具及其应用 [M]. 北京：化学工业出版社，2005.

[4] 沈建峰，虞俊. 数控车工（高级）[M]. 北京：机械工业出版社，2006.

[5] 崔兆华. 数控车工（中级）[M]. 北京：机械工业出版社，2006.

[6] 金福昌. 车工（初、中、高级）[M]. 北京：机械工业出版社，2006.